イモヅル式

基本情報技術者午前 コンパクト演習

石川敢也 著

インプレス

インプレス情報処理シリーズ購入者限定特典!!

本書の特典は下記サイトにアクセスすることでご利用いただけます。

https://book.impress.co.jp/books/1120101034

特典 スマホで学べる過去問題

本書掲載の240問と補充問題を無料Webアプリとして提供しております。シンプルなインターフェースでちょっとしたスキマ時間にも取り組みやすくできており，記憶の定着強化に役立ちます。また，直前の学習にもおすすめです。

※画面の指示に従って操作してください。

※特典のご利用には，無料の読者会員システム「CLUB Impress」への登録が必要となります。

※本特典のご利用は，書籍をご購入いただいた方に限ります。

※特典WEBアプリの提供期間は本書発売より5年間を予定しています。

インプレスの書籍ホームページ

書籍の新刊や正誤表など最新情報を随時更新しております。

https://book.impress.co.jp/

はじめに

本書は，情報処理技術者試験のレベル2に位置付けられている基本情報技術者試験の午前試験の対策を効率よく進められる問題集です。「イモヅル式」シリーズとしては，好評の『イモヅル式 ITパスポート コンパクト演習』に続く第2弾となります。

“イモヅル式”と名付けられた本書の主な特長は3つあり，次ページ（本書の構成）で説明しているとおりです。

そのほか，1ページ完結により短時間で学習できる，重要用語を赤シートで隠して覚えられるなど，この1冊に様々な工夫がしてあります。Webアプリの特典もあるので，デジタル派の皆さんもご安心ください。

ところで，試験機関では基本情報技術者試験を「ITエンジニアの登竜門」として，「高度IT人材となるために必要な基礎的知識・技能をもち，実践的な活用能力を身に付けた者」を対象とした試験と位置付けています。つまり，これから高度IT人材になろうとして頑張っている人が対象なのです。試験の内容を学ぶということは，高度IT人材になるために必要な基本的知識や技能，実践的な活用能力を身につけるための学習をするということです。

最新の出題傾向を分析して解説した本書が，読者の皆さんの貴重な時間を活かし，知識の整理と学習の継続に役立てられると信じています。そして，本書を手にした皆さんが，基本情報技術者試験に合格することはもちろん，情報処理技術者試験の有資格者として，自信をもって社会で活躍されることを願って止みません。

石川 敢也

本書の構成

本書は，頻出問題とその解説で構成した基本情報技術者試験（午前試験）の対策書です。重要事項が隠せる**赤シート付き**のほか，次のような記憶に残りやすい**「イモヅル式」の仕掛け**が施されています。本書の問題を解き，イモヅルをたぐり寄せるように関連事項を参照しながら学習することで，その終端にある「合格」を勝ち取りましょう。

- ●**関連性の高い問題が近接配置**されているので，記憶に残りやすく**短時間で効果的な学習**ができる。
- ●相互に関連付けられた重要事項が1ページ内に**まとめて解説**され，幅広い知識が体系的に身につく。
- ●多くの問題から**復習問題を参照**でき，知識の定着に役立つ。

A 問題のカテゴリ。

B 出題頻度。★★★が最頻出。

C 解答や知識定着に有用な内容を強調。

D 過去問題から頻出の問題を厳選。

E 問題を素早く解くための即効解説。

F 問題を理解し，関連する知識を体系的に身につける詳細解説。

G 赤シートで隠したり関連問題を参照したりして覚えられる。

H さらに知識を深めたい重要事項の解説。

I 復習のために参照するとよい問題。

J 正解の選択肢。

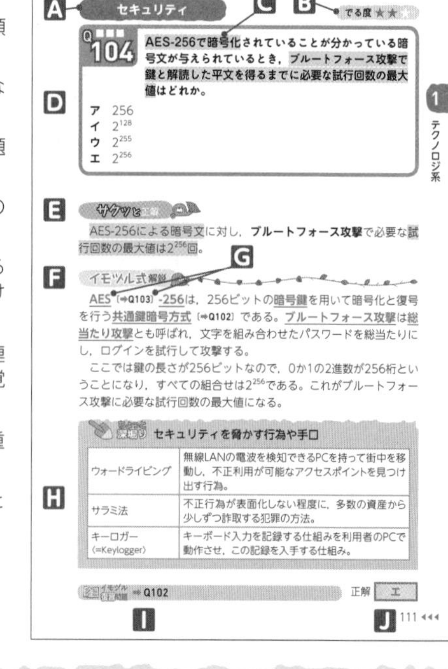

A セキュリティ　C　B でる度★★

Q 104 AES-256で暗号化されていることが分かっている暗号文が与えられているとき，ブルートフォース攻撃で鍵と解読した平文を得るまでに必要な試行回数の最大値はどれか。

D

ア　256

イ　2^{128}

ウ　2^{255}

エ　2^{256}

1 テクノロジ系

E サクッと正解

AES-256による暗号文に対し，**ブルートフォース攻撃**で必要な試行回数の最大値は2^{256}回。

F イモヅル式解説　G

AES〔⇒Q103〕-256は，256ビットの暗号鍵を用いて暗号化と復号を行う共通鍵暗号方式〔⇒Q102〕である。ブルートフォース攻撃は総当たり攻撃とも呼ばれ，文字を組み合わせたパスワードを総当たりにし，ログインを試行して攻撃する。

ここでは鍵の長さが256ビットなので，0か1の2進数が256桁ということになり，すべての組合せは2^{256}である。これがブルートフォース攻撃に必要な試行回数の最大値になる。

H もっと深掘り　セキュリティを脅かす行為や手口

ウォードライビング	無線LANの電波を検知できるPCを持って街中を移動し，不正利用が可能なアクセスポイントを見つけ出す行為。
サラミ法	不正行為が表面化しない程度に，多数の資産から少しずつ詐取する犯罪の方法。
キーロガー (=Keylogger)	キーボード入力を記録する仕組みを利用者のPCで動作させ，この記録を入手する仕組み。

イモヅル復習問題 ⇒ Q102　　正解 エ

I　J　111

基本情報技術者試験の概要

基本情報技術者試験は，情報処理技術者試験の一試験区分です。本書が対応している「午前試験」に加え，「午後試験」もあり，資格取得のためには両方に合格する必要があります。

※本書に掲載している試験情報は2021年3月現在のものです。試験内容は変更される可能性があるため，試験実施団体のWebサイトで随時確認してください。

●午前試験の内容

受験資格	誰でも受験できる	試験時間	150分
出題数	四肢択一式	問題数	80問
出題分野	テクノロジ系（基礎理論，コンピュータシステム，技術要素，開発技術） マネジメント系（プロジェクトマネジメント，サービスマネジメント） ストラテジ系（システム戦略，経営戦略，企業と法務）		
合格基準	60点以上／100点満点（各1.25点）		
試験方式	CBT（Computer Based Testing）方式		

●午後試験の内容

受験資格	誰でも受験できる	試験時間	150分
出題数	多肢選択式	問題数	11問中5問解答
出題分野	問1：必須問題（情報セキュリティ）問2～5：選択問題（ソフトウェア・ハードウェア，データベース，ネットワーク，ソフトウェア設計，プロジェクトマネジメント，サービスマネジメント，システム戦略，経営戦略・企業と法務）問6：必須問題（データ構造及びアルゴリズム） 問7～11：選択問題（ソフトウェア開発）		
合格基準	60点以上／100点満点 （問1：20点，問2～5：各15点，問6：25点，問7～11：25点）		
試験方式	CBT（Computer Based Testing）方式		

●問い合わせ

独立行政法人 情報処理推進機構（IPA）
IT人材育成センター 国家資格・試験部
問合せフォーム：https://www.jitec.ipa.go.jp/_jitecinquiry.html
上記URLから問合せフォームに進み，問合せ内容などを入力して送信する。
〒113-8663 東京都文京区本駒込2-28-8
文京グリーンコートセンターオフィス15階
TEL：03-5978-7600（代表）

CONTENTS

第1章

テクノロジ系

第1章では，テクノロジ系を学習する。
出題傾向と学習の便宜を踏まえ，テクノロジ系の幅広い出題範囲を6つの分野に分け，140問の演習で重要ポイントを解説している。たとえば，基礎理論では論理演算や16進数の基本など，コンピュータシステムではCPUやメモリの仕組みなどから，効率よく知識を確認できるように問題を掲載している。比較的新しいテーマとして，機械学習，ディープラーニング，ランサムウェアなど，一般のニュースとして話題になっているキーワードも取り上げている。

でる度★★★

Q 001 **8ビットの値の全ビットを反転する操作はどれか。**

ア 16進表記00のビット列と排他的論理和をとる。
イ 16進表記00のビット列と論理和をとる。
ウ 16進表記FFのビット列と排他的論理和をとる。
エ 16進表記FFのビット列と論理和をとる。

サクッと正解

全ビットを反転する操作は，16進表記FFとの**排他的論理和**である。

イモヅル式解説

排他的論理和（XOR）

入力		出力
0	0	0
1	0	1
0	1	1
1	1	0

論理和（OR）

入力		出力
0	0	0
1	0	1
0	1	1
1	1	1

- 16進表記00のビット列と**排他的論理和**をとる（**ア**）と，元のビット列が0なら0，1なら1が出力されるので，入力値と同じものが出力される。
- 16進表記00のビット列と**論理和**をとる（**イ**）ときも，上記の排他的論理和と同様に，元のビット列が0なら0，1なら1が出力されるので，入力値と同じものが出力される。
- 16進表記FF（11111111）のビット列と排他的論理和をとる（**ウ**）と，元の値0なら1，1なら0が出力されるので，演算結果は全ビットを**反転**したビット列になる。
- 16進表記FF（11111111）のビット列と論理和をとる（**エ**）と，入力値が何でも出力はすべて1になる。

正解 **ウ**

Q 002

最上位をパリティビットとする8ビット符号において，パリティビット以外の下位7ビットを得るためのビット演算はどれか。

ア　16進数0FとのANDをとる。
イ　16進数0FとのORをとる。
ウ　16進数7FとのANDをとる。
エ　16進数FFとのXOR（排他的論理和）をとる。

サクッと正解

パリティビット以外の下位7ビットを得るには，1との**論理積(AND)**をとる。

イモヅル式解説

パリティビットとは，ビット列の誤りを検知するために設けられた1ビットのことで，1の数を**偶数**にするか**奇数**にするかをあらかじめ決めておく検査方式である。

選択肢にある16進数の0Fを2進数にすると**0000 1111**で，16進数の7Fを2進数にすると**0111 1111**になる。

パリティビット以外の下位7ビットを得たいので，下位7ビットが**1**になる7Fとの**AND**をとる（ウ）。

論理積（AND）の真理値表は次のようになる。論理積の演算は，0なら入力値に関係なくすべて**0**，1なら**入力値**が出力される。

入力		出力
0	0	0
1	0	0
0	1	0
1	1	1

Q001で紹介した**排他的論理和（XOR）**と**論理和（OR）**の真理値表も参照すると，1との論理演算で入力値と同じものが出力されるのは，選択肢の中では1との論理積（AND）だけであることがわかる。

イモヅル復習問題 ➡ Q001

正解　ウ

でる度 ★★☆

Q003

XとYの否定論理積X NAND Yは，NOT(X AND Y)として定義される。X OR YをNANDだけを使って表した論理式はどれか。

ア ((X NAND Y) NAND X) NAND Y
イ (X NAND X) NAND (Y NAND Y)
ウ (X NAND Y) NAND (X NAND Y)
エ X NAND (Y NAND (X NAND Y))

サクッと正解

「X=0，Y=0」「X=1，Y=0」の代入でORと一致するかを検討。

イモヅル式解説

否定論理積（NAND）は，2つの入力が両方とも1のとき0，それ以外はすべて1が出力される論理演算である。

否定論理積（NAND）

入力		出力
0	0	1
0	1	1
1	0	1
1	1	0

まず，NANDの表から「**X=0，Y=0**」の出力を確認する。次に，「X=0，Y=0」のときの**論理和（OR）**を**Q001**で紹介した真理値表で参照すると0であることがわかる。したがって，同じ0である選択肢が正しい可能性がある。

ア ((0 NAND 0)NAND 0)NAND 0＝(1 NAND 0) NAND 0＝**1 NAND 0＝1**
イ (0 NAND 0)NAND(0 NAND 0)＝**1 NAND 1＝0**
ウ (0 NAND 0)NAND(0 NAND 0)＝**1 NAND 1＝0**
エ 0 NAND(0 NAND(0 NAND 0))＝0 NAND (0 NAND 1)＝**0 NAND 1＝1**

上記の結果から，出力が0ではないアとエは誤りとわかる。

次に「**X=1，Y=0**」で検討する。論理和（OR）と同じく出力が1であれば正しい論理式である。

イ (1 NAND 1) NAND (0 NAND 0)＝**0 NAND 1＝1**
ウ (1 NAND 0) NAND (1 NAND 0)＝**1 NAND 1＝0**

上記の結果から，出力が1である**イ**が，正しい論理式とわかる。

イモヅル復習問題 ➡ **Q001，Q002**

正解 **イ**

Q004

16進数の小数0.248を10進数の分数で表したものはどれか。

ア $\frac{31}{32}$　イ $\frac{31}{125}$　ウ $\frac{31}{512}$　エ $\frac{73}{512}$

サクッと正解

16進数の小数第一位は $\frac{1}{16}$，小数第二位は $\frac{1}{16^2}$，小数第三位は $\frac{1}{16^3}$ を使って計算する。

イモヅル式解説

16進数では，下位の桁は $\frac{1}{16}$ ずつ小さくなる。16進数の小数を10進数にすると，小数点のすぐ右にくる小数第一位が $\frac{1}{16}$，小数第二位が $\frac{1}{16^2}=\frac{1}{256}$，小数第三位が $\frac{1}{16^3}=\frac{1}{4096}$ になる。

設問の16進数を10進数の分数で表すと次のようになる。

0.248は，$2\times\frac{1}{16}+4\times\frac{1}{256}+8\times\frac{1}{4096}$ で求められる。

$$=\frac{2}{16}+\frac{4}{256}+\frac{8}{4096}$$

$$=\frac{2}{16}+\frac{4}{256}+\frac{1}{512}$$

$$=\frac{64+8+1}{512}$$

$$=\frac{73}{512}$$

イモヅル復習問題 ➡ Q002

正解 エ

でる度 ★★★

Q005

次の10進小数のうち，8進数に変換したときに有限小数になるものはどれか。

ア 0.3
イ 0.4
ウ 0.5
エ 0.8

サクッと正解

8進数の小数への変換は，基数8を乗算して整数部を取り出す演算を，小数部が0になるまで繰り返す。

イモヅル式解説

10進数の小数に**基数N**を乗算し，演算結果の整数部を取り出す演算を，小数部が0になるまで繰り返すことで，10進数の小数部を**N進数**の小数に変換できる。演算過程で小数部が0になれば**有限小数**，0にならなければ**無限小数**であることがわかる。

ア **0.3×8**＝2.4
0.4×8＝3.2
0.2×8＝1.6
0.6×8＝4.8
0.8×8＝6.4

小数部が再び**0.4**になり，0にならないので無限小数とわかる。

イ **0.4**×8＝**3.2**

アの2番目で**0.4**の計算を行っており、無限に繰り返すので無限小数とわかる。

ウ 0.5×**8**＝**4.0**

小数部が**0**になるので，有限小数である。

エ **0.8×8**＝6.4

アの5番目で**0.8**の計算を行っており、無限に繰り返すので無限小数とわかる。

イモヅル復習問題 ➡ Q004

正解 ウ

でる度★☆☆

Q006

10進数の演算式7÷32の結果を2進数で表したものはどれか。

ア　0.001011
イ　0.001101
ウ　0.00111
エ　0.0111

サクッと正解

2進数を右に1ビットシフトすると1/2になる。5ビットシフトすれば32（2^5）で割ったことと同じになる。

イモヅル式解説

10進数の7を2進数に変換すると**111**である。2進数では1つ左にシフトすると**2倍**になり，1つ右にシフトすると**1/2**になる。10進数32は2^5なので，10進数の7である2進数の111を**右に5ビットシフト**すれば，10進数の演算式7÷32の結果が2進数で得られる。

1ビットずつシフトした結果は下表のようになる。

111を右に1ビットシフトした結果	11.1
111を右に2ビットシフトした結果	1.11
111を右に3ビットシフトした結果	0.111
111を右に4ビットシフトした結果	0.0111
111を右に5ビットシフトした結果	0.00111（ウ）

イモヅル復習問題 ➡ Q004

正解　ウ

でる度 ★★★

Q007

ある整数値を，負数を2の補数で表現する2進表記法で表すと最下位2ビットは“11”であった。10進表記法の下で，その整数値を4で割ったときの余りに関する記述として，適切なものはどれか。ここで，除算の商は，絶対値の小数点以下を切り捨てるものとする。

ア その整数値が正ならば3
イ その整数値が負ならば−3
ウ その整数値が負ならば3
エ その整数値の正負にかかわらず0

サクッと正解

4で割ると右に2つシフトすることになる。整数値が正ならば3（2進数11）が余りとなる。

イモヅル式解説

最下位2ビットの2進数11を10進数にすると，$1\times2^1+1\times2^0=3$である。設問のように4で割るということは，2進数のビット列を右に2つシフト〔➡Q006〕するということなので，2進数11（10進数の3）が常に余りになる（**ア**）。

また，負数を2の補数で表現する2進表記法では，すべてのビットを反転させ，それに1を加えて負数（2の補数）を表すことになる。設問の最下位2ビットでは，2進数11のすべてのビットを反転させると00で，1を加算すると01になる。

最下位ビットが2進数で01になる負の整数は，10進数で−5（2進数101），−9（同1001），−21（同10101）などである。これらを4で割った余りは常に−1になることから，**イ**，**ウ**，**エ**は適切な記述でないことがわかる。

ちょっと深堀り 補数

補数とは、元の数に加算したときに桁上がりする最小値のこと。たとえば，10進数で8の補数は2，88の補数は12である。

イモヅル復習問題 ➡Q006

正解 **ア**

でる度★★★

Q 008

集合A，B，Cを使った等式のうち，集合A，B，Cの内容によらず常に成立する等式はどれか。ここで，∪は和集合，∩は積集合を示す。

ア　$(A \cup B) \cap (A \cap C) = B \cap (A \cup C)$

イ　$(A \cup B) \cap C = (A \cup C) \cap (B \cup C)$

ウ　$(A \cap C) \cup (B \cap A) = (A \cap B) \cup (B \cap C)$

エ　$(A \cap C) \cup (B \cap C) = (A \cup B) \cap C$

サクッと正解

常に成立する等式は，**分配法則**による，$(A \cap C) \cup (B \cap C) = (A \cup B) \cap C$である。

イモヅル式解説

分配法則は「$(A+B) \times C = A \times C + B \times C$」が成立するという法則である。設問の**和集合**の記号「∪」（カップ）を「+」（足し算）に，**積集合**の記号「∩」（キャップ）を「×」（掛け算）に書き変え，選択肢を1つずつ検討すると，**エ**は次式となり，分配法則に合致する。

$$(A \cap C) \cup (B \cap C) = (A \cup B) \cap C$$
$$= (A \times C) + (B \times C) = (A + B) \times C$$

となり，集合A，B，Cの内容によらず常に成立する等式であることがわかる。

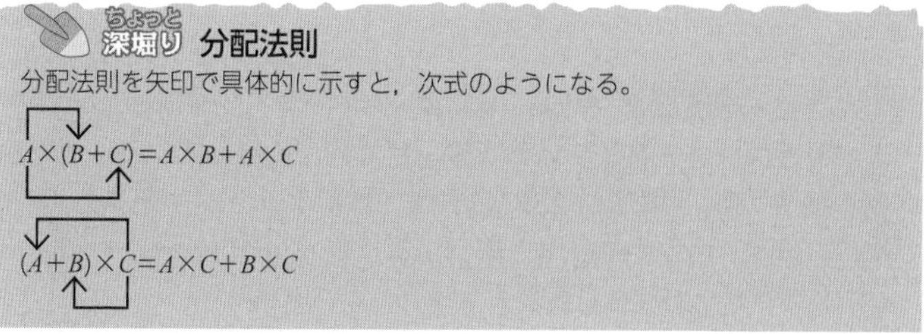

ちょっと深堀り　分配法則
分配法則を矢印で具体的に示すと，次式のようになる。
A×(B+C)=A×B+A×C
(A+B)×C=A×C+B×C

正解　エ

Q009

ノードとノードの間のエッジの有無を，隣接行列を用いて表す。ある無向グラフの隣接行列が次の場合，グラフで表現したものはどれか。ここで，ノードを隣接行列の行と列に対応させて，ノード間にエッジが存在する場合は1で，エッジが存在しない場合は0で示す。

	a	b	c	d	e	f
a	0	1	0	0	0	0
b	1	0	1	1	0	0
c	0	1	0	1	1	0
d	0	1	1	0	0	0
e	0	0	1	0	0	1
f	0	0	0	0	1	0

ア

イ

ウ

エ

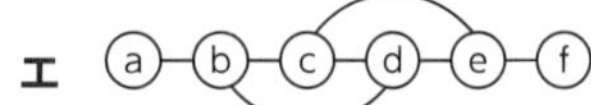

サクッと正解

隣接行列で**エッジ**が存在するa−b，b−c，b−d，c−d，c−e，e−fをすべて満たすグラフを探す。

イモヅル式解説

エッジとは，ノードと呼ばれる節（せつ）が連結していることを表す枝や蔓（つる）のこと。設問の隣接行列でエッジが存在する1である組は次の6つである。a−b，b−c，b−d，c−d，c−e，e−f

この6つを過不足なく表現しているのは**ウ**である。

そのほかの選択肢を確認すると，**ア**はb−cが不足でd−eが余分，**イ**はc−dが不足でd−eが余分，**エ**はd−eが余分である。

正解　**ウ**

Q 010 平均が60，標準偏差が10の正規分布を表すグラフはどれか。

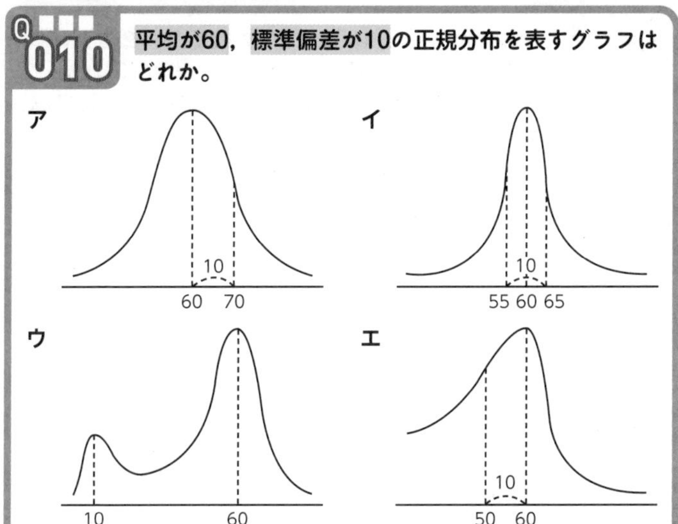

サクッと正解

正規分布のグラフは，左右対称な曲線を描く。標準偏差の範囲が適切なものを探す。

イモヅル式解説

正規分布とは，**平均値**を中心とする左右対称で釣鐘状の連続確率分布のことである。また，**標準偏差**は，データの**散らばり具合**を表す指標である。正規分布では，標準偏差をσとすると「平均±1σ」の範囲に全体の約**68**%，平均値±2σ範囲に全体の約**95**%，平均±3σの範囲に全体の約**99**%が含まれるという性質がある。

設問は平均が60，標準偏差が10なので，「平均±１σ」の範囲は**50～70**である。これを踏まえて選択肢を検討すると，**ウ**と**エ**はグラフの曲線が左右対称ではなく，**イ**は平均±5であり，設問の標準偏差10ではない。

正解 ア

基礎理論　　でる度★★☆

Q011

Random(n)は，0以上n未満の整数を一様な確率で返す関数である。整数型の変数A，B及びCに対して次の一連の手続を実行したとき，Cの値が0になる確率はどれか。

A=Random(10)

B=Random(10)

C=A−B

ア $\frac{1}{100}$　イ $\frac{1}{20}$　ウ $\frac{1}{10}$　エ $\frac{1}{5}$

サクッと正解

Cの値が0になる確率は，全体の組合せの数（Aの要素数×Bの要素数）のうちのA=Bの数の割合である。

イモヅル式解説

設問のRandom(10)は整数であり，0～9の10種類の値を返す。

A=Random(10)もB=Random(10)も10種類の値を返すことから，**組合せ**〔➡Q012〕は10通り×**10**通り=**100**通りである。

C=A−Bのとき，Cの値が0になるのは，AとBが同じ値であるA=Bのときだけである。

上記の100通りのうち，A=Bになる組合せは，A=B=0からA=B=**9**まで**10**通りある。

Cの値が0になる確率を計算すると，

10通り÷**100**通り=$\frac{1}{10}$

正解　ウ

図の線上を，点Pから点Rを通って，点Qに至る最短経路は何通りあるか。

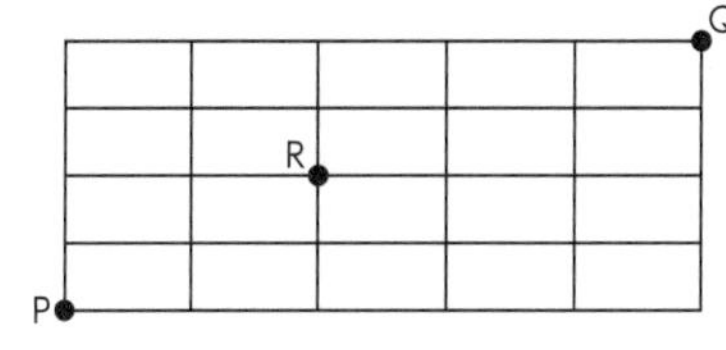

ア 16　**イ** 24　**ウ** 32　**エ** 60

サクッと正解

最短経路は，移動する距離と縦横の2種類の移動により，異なるn個からk個を取り出す**組合せ**の数${}_nC_k = \dfrac{n!}{k!(n-k)!}$で求める。

イモヅル式解説

点Pから点Rまでを，次の2つに分割して考える。

①点Pから点R

点Pから点Rに至る最短経路は，セル1辺を距離1とすると**距離4**で，横と縦の**2種類**の移動があり，距離4から2種類の移動を取り出す**組合せ**〔➡Q011〕で計算する。なお，「!」は**階乗**を表し，たとえば「5!」は5から1までのすべての**整数**を**掛け算**（5×4×3×2×1）した値を表す。

$${}_4C_2 = \frac{4!}{2!\,(4-2)\,!} = \frac{4!}{2!\times 2!} = \frac{4\times 3\times 2\times 1}{(2\times 1)\times(2\times 1)} = 6\text{通り}$$

②点Rから点Q

点Rから点Qに至る最短経路は，同様に**距離5**で，縦横の**2種類**の移動がある。

$${}_5C_2 = \frac{5!}{2!\,(5-2)\,!} = \frac{5!}{2!\times 3!} = \frac{5\times 4\times 3\times 2\times 1}{(2\times 1)\times(3\times 2\times 1)} = 10\text{通り}$$

点Pから点Rを通って点Qに至る最短経路の組合せは，①の6通りと②の10通りの積である「**6通り×10通り=60通り**」と計算できる。

イモヅル復習問題 ➡Q011

正解　**エ**

でる度★★★

Q013 次のBNFで定義される<変数名>に合致するものはどれか。

<数字>::=0 | 1 | 2 | 3 | 4 | 5 | 6 | 7 | 8 | 9
<英字>::=A | B | C | D | E | F
<英数字>::=<英字> | <数字> | _
<変数名>::=<英字> | <変数名><英数字>

ア _B39　イ 246　ウ 3E5　エ F5_1

サクッと正解

設問の定義では，<変数名>は英字から始める必要がある。

イモヅル式解説

BNF〈=Backus-Naur Form；BN記法〉は，コンピュータが扱うXMLなどの言語の構文定義などで用いられる表記であり，**バッカスナウア記法**とも呼ばれる。記号の意味は下表のとおりである。

< >	ほかと**置換**できるものとして定義する
::=	左辺と右辺の**区切り**を定義する
|	**論理和**〔➡Q001〕（AまたはBなど）を意味する

これを踏まえ，選択肢を検討していく。

ア 「_B39」は先頭が「_」で始まっており，英字で始めなければならない<変数名>の定義に合致しないので誤りである。

イ 「246」は先頭が数字で始まっており，英字で始めなければならない<変数名>の定義に合致しないので誤りである。

ウ 「3E5」は上記と同様，英字で始めなければならない<変数名>の定義に合致しないので誤りである。

エ 「F5_1」は，先頭が英字で始まっており，英字と数字のあとに「_」があるので，<変数名>の定義と矛盾がなく合致する。

イモヅル復習問題 ➡ Q001

正解 **エ**

Q014

コンパイラで構文解析した結果の表現方法の一つに四つ組形式がある。

(演算子，被演算子1，被演算子2，結果)

この形式は，被演算子1と被演算子2に演算子を作用させたものが結果であることを表す。次の一連の四つ組は，どの式を構文解析した結果か。ここで，T_1，T_2，T_3は一時変数を表す。

(＊，B，C，T_1)

(／，T_1，D，T_2)

(＋，A，T_2，T_3)

ア　A＋B＊C／D

イ　A＋B＊C／T_2

ウ　B＊C＋A／D

エ　B＊C＋T_1／D

サクッと正解

四つ組の（＋，A，T_2，T_3）を計算式で表すと下記のとおり。

T_3＝A＋B＊C／D

イモヅル式解説

3つの四つ組を，次のように結果を先頭にした式に置き換える。

(＊，B，C，T1)　➡　T_1＝**B＊C**

(／，T_1，D，T_2)　➡　T_2＝**B＊C／D**

(＋，A，T_2，T_3)　➡　T_3＝**A＋B＊C／D**

構文解析した式は，**A＋B＊C／D**（ア）であることがわかる。

ちょっと深堀り　四つ組

四つ組とは，演算子，第1オペランド〔➡Q033〕，第2オペランド，演算結果（保管先）の4つのデータを1つの組として保管する表現方法のこと。

正解　ア

でる度 ★★★

Q015 キューに関する記述として，最も適切なものはどれか。

ア 最後に格納されたデータが最初に取り出される。
イ 最初に格納されたデータが最初に取り出される。
ウ 添字を用いて特定のデータを参照する。
エ 二つ以上のポインタを用いてデータの階層関係を表現する。

サクッと正解

キューとは，最初に格納されたデータが最初に取り出されるデータ構造のこと。

イモヅル式解説

キューは，先に入力したデータが先に出力される**FIFO**〈=First In First Out；先入先出法〉（**イ**）の構造をもつデータ構造である。

データ構造の名称をまとめて覚えよう。

スタック 〔➡Q016〕	最後に格納されたデータが最初に取り出される**LIFO**〈=Last In, First Out;後入先出法〉〔➡**Q016**〕のデータ構造（**ア**）。
配列	要素ごとに添字を用いて特定のデータを参照するデータ構造（**ウ**）。
リスト構造	アドレスが入るポインタを2つ以上用いてデータの階層関係を表現するデータ構造（**エ**）。

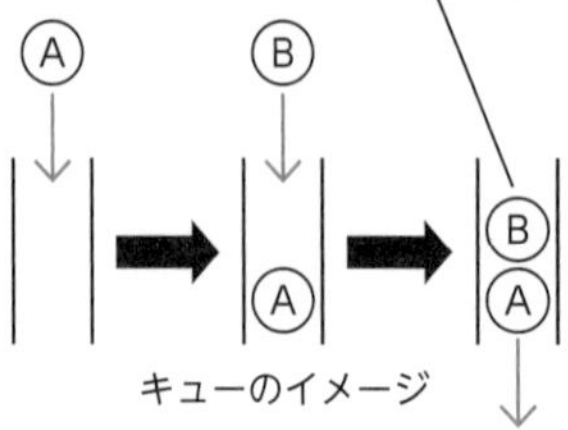

キューのイメージ

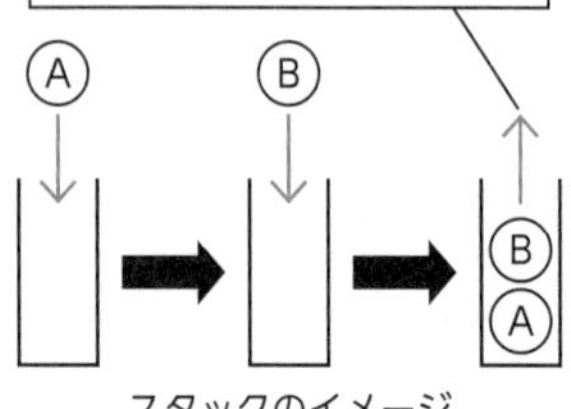

スタックのイメージ

正解 **イ**

Q016

A，C，K，S，Tの順に文字が入力される。スタックを利用して，S，T，A，C，Kという順に文字を出力するために，最小限必要となるスタックは何個か。ここで，どのスタックにおいてもポップ操作が実行されたときには必ず文字を出力する。また，スタック間の文字の移動は行わない。

ア 1　イ 2　ウ 3　エ 4

サクッと正解

スタックを利用すると，最後に格納されたデータが先に取り出され，出力がS，T，A，C，Kという順になるように個数を検討する。

イモヅル式解説

スタックは，データの追加（PUSH）や取り出し（POP）の処理を常に最後尾から行う**後入先出法**〈＝Last In, First Out；LIFO〉のデータ構造である。A，C，K，S，Tの文字をS，T，A，C，Kの順で出力する場合，右の手順で検討する。

スタックが1つや2つでは，Kはスタックの中でAとCのあと，またはいずれかのあとに入力されることになるので，AとCのあとにKを出力できない。つまり，スタックは3つ必要になる。

	スタック1	スタック2	スタック3
Aを入力	[A]	[ ]	[ ]
Cを入力	[A]	[C]	[ ]
Kを入力	[A]	[C]	[K]
Sを入力	[S] [A]	[ ] [C]	[ ] [K]
Tを入力	[S] [A]	[T] [C]	[ ] [K]
Sを出力	[ ] [A]	[T] [C]	[ ] [K]
Tを出力	[ ] [A]	[ ] [C]	[ ] [K]
Aを出力	[ ] [ ]	[ ] [C]	[ ] [K]
Cを出力	[ ] [ ]	[ ] [ ]	[ ] [K]
Kを出力	[ ] [ ]	[ ] [ ]	[ ] [ ]

イモヅル復習問題 ➡Q015

正解 ウ

でる度 ★★★

Q017

次に示す計算式と逆ポーランド表記法の組合せのうち，適切なものはどれか。

	計算式	逆ポーランド表記法
ア	((a+b) ∗c) −d	abc∗+d−
イ	(a+ (b∗c)) −d	ab+c∗+d−
ウ	(a+b) ∗ (c−d)	abc∗d−+
エ	a+ (b∗ (c−d))	abcd−∗+

サクッと正解

逆ポーランド表記法では，左項，右項，演算子の順に表記する。カッコ内から順番に表記を置き換えてみる。

イモヅル式解説

逆ポーランド表記法は，a+b（左項 演算子 右項）をab+（左項 右項 演算子）のように表す**後置記法**である。先頭から順に処理を行うので，**スタック**〔➡Q016〕から取り出して演算するコンピュータのスタックでの処理が単純化される。選択肢の計算式を逆ポーランド表記法に置き換えると，結果が一致する組合せは**エ**であることがわかる。

ア　((a+b) ∗c) −d
(**ab+**∗c) −d
ab+**c∗**−d
ab+c∗d−

イ　(a+ (b∗c)) −d
(a+**bc∗**) −d
abc∗+−d
abc∗+d−

ウ　(a+b) ∗ (c−d)
ab+∗**cd−**
ab+cd−∗

エ　a+ (b∗ (c−d))
a+ (b∗**cd−**)
a+**bcd−∗**
abcd−∗+

イモヅル復習問題 ➡ Q016

正解 **エ**

でる度 ★★☆

Q 018

入力記号，出力記号の集合が｛0，1｝であり，状態遷移図で示されるオートマトンがある。0011001110を入力記号とした場合の出力記号はどれか。ここで，S_1は初期状態を表し，グラフの辺のラベルは，入力／出力を表している。

〔状態遷移図〕

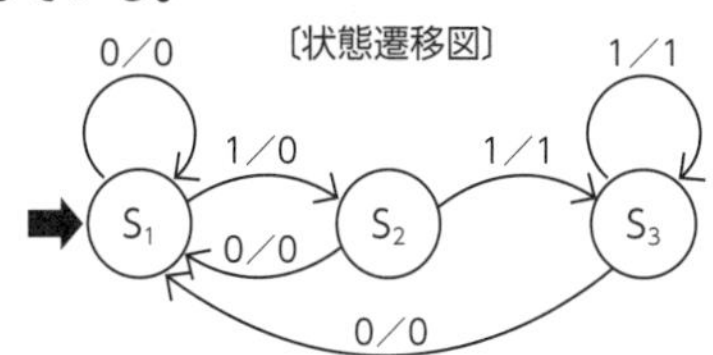

ア 0001000110
イ 0001001110
ウ 0010001000
エ 0011111110

サクッと正解

入力記号に応じた遷移を読み解き、0と1を順に入力していく。

イモヅル式解説

オートマトン〈=Automaton；有限状態機械〉は，現状や遷移と動作の組合せによって次に遷移する状態が決まるモデルである。

設問のオートマトンに「0011001110」の順に入力すると，下表のように遷移する。

状態	入力	出力	遷移
S_1	0	0	S_1
S_1	0	0	S_1
S_1	1	0	S_2
S_2	1	1	S_3
S_3	0	0	S_1
S_1	0	0	S_1
S_1	1	0	S_2
S_2	1	1	S_3
S_3	1	1	S_3
S_3	0	0	S_1

出力記号は順に0001000110（**ア**）になる。

イモヅル復習問題 ➡ Q009

正解 **ア**

でる度★★★

Q019

出現頻度の異なるA，B，C，D，Eの5文字で構成される通信データを，ハフマン符号化を使って圧縮するために，符号表を作成した。aに入る符号として，適切なものはどれか。

文字	出現頻度（%）	符号
A	26	00
B	25	01
C	24	10
D	13	a
E	12	111

ア 001　**イ** 010　**ウ** 101　**エ** 110

サクッと正解

ハフマン符号は，ほかの文字で使われている符号と一致しないように設定しなければならない。

イモヅル式解説

ハフマン符号化は，出現確率の高いデータには短い符号を与え，低いデータには長い符号を与えることで，圧縮効率を向上させる**可変長**の符号化方式である。符号化方式には，連続して出現する回数を使う**ランレングス符号化**などもある。

文字Dは，表中で出現頻度が4番目に高い。選択肢を見ていくと，**ア**の001は，冒頭の00が**文字Aの符号と一致**し，復号時に00の箇所が文字Aとして解釈され，区別がつかないので適切ではない。

イの010も冒頭の01が**文字Bの符号と一致**し，区別がつかないので適切ではない。

ウの101も同様に，**文字Cの符号と一致**するので適切ではない。

エの110は，冒頭が11で，ほかと一致せず，Eの111とも区別がつくので適切である。

正解　**エ**

Q 020 機械学習における教師あり学習の説明として，最も適切なものはどれか。

ア　個々の行動に対しての善しあしを得点として与えることによって，得点が最も多く得られるような方策を学習する。
イ　コンピュータ利用者の挙動データを蓄積し，挙動データの出現頻度に従って次の挙動を推論する。
ウ　正解のデータを提示したり，データが誤りであることを指摘したりすることによって，未知のデータに対して正誤を得ることを助ける。
エ　正解のデータを提示せずに，統計的性質や，ある種の条件によって入力パターンを判定したり，クラスタリングしたりする。

サクッと正解

教師あり学習とは，正解データの提示や誤りの指摘などを行う機械学習の手法のこと。

イモヅル式解説

機械学習は，記憶したデータから特定のパターンを見つけ出すなど，人が自然に行っている学習能力をコンピュータにもたせるための技術である。

機械学習における**教師あり学習**は，正解のデータを提示したり，データが誤りであることを指摘したりすることにより，コンピュータが未知のデータに対して正誤を得ることを助ける手法である（**ウ**）。

強化学習	個々の行動への善しあしを得点として与えることにより，得点が最も多く得られるような方策を学習する手法（**ア**）。
協調フィルタリング	正解のデータを提示しない**教師なし学習**の手法の1つで，コンピュータ利用者の挙動データを蓄積し，挙動データの出現頻度に従い，類似したほかのユーザの情報を用いて自動的に次の挙動を推論する手法（**イ**）。
クラスタリング	正解データを提示せずに，統計的な性質やデータの類似などの条件によりグループ化などを行う手法（**エ**）。

正解　**ウ**

でる度★★★

Q021 AIにおけるディープラーニングの特徴はどれか。

ア　“AならばBである”というルールを人間があらかじめ設定して，新しい知識を論理式で表現したルールに基づく推論の結果として，解を求めるものである。

イ　厳密な解でなくてもなるべく正解に近い解を得るようにする方法であり，特定分野に特化せずに，広範囲で汎用的な問題解決ができるようにするものである。

ウ　人間の脳神経回路を模倣して，認識などの知能を実現する方法であり，ニューラルネットワークを用いて，人間と同じような認識ができるようにするものである。

エ　判断ルールを作成できる医療診断などの分野に限定されるが，症状から特定の病気に絞り込むといった，確率的に高い判断ができる。

サクッと正解

ディープラーニングとは，ニューラルネットワークによりAIが人間と同じような認識ができるようにする方法のこと。

イモヅル式解説

AIにおける**ディープラーニング**〔➡Q212〕は，人間の脳神経回路を模倣し，コンピュータ自らの学習により認識などの知能を実現する方法である。人間の脳神経の仕組みを数理学的に模倣した**ニューラルネットワーク**を用いて，人間と同じような認識ができるようにする（ウ）機械学習〔➡Q020〕の1つ。

ア　人間があらかじめルールを設定し，新しい知識を論理式で表現したルールに基づく推論の結果として，解を求めるものは，**エキスパートシステム**〔➡Q176〕などと呼ばれる仕組みである。

イ　個々のシステムは学習させた分野に特化しているため，広範囲で汎用的な問題解決ができるようにするという記述は誤り。

ウ　AIが自ら判断ルールを獲得・調整していくので，判断ルールを作成できる分野に限定されるという記述は誤り。

イモヅル復習問題 ➡ Q020

正解　**ウ**

でる度★★★

Q 022

PCM伝送方式によって音声をサンプリング（標本化）して8ビットのディジタルデータに変換し，圧縮せずにリアルタイムで転送したところ，転送速度は64,000ビット／秒であった。このときのサンプリング間隔は何マイクロ秒か。

ア　15.6
イ　46.8
ウ　125
エ　128

サクッと正解

サンプリング間隔＝1秒間÷1秒間のサンプリング回数

イモヅル式解説

サンプリングとは，連続的なデータであるアナログ信号を，一定の間隔で記録することであり，**標本化**とも呼ばれる。サンプリングを行う際，記録する時間の間隔を**サンプリング間隔**と呼んでいる。間隔が短いほどアナログ信号の波形に近くなり、高品質なディジタルデータが得られる。

1秒間あたりの**サンプリング回数**は，次のようにして求められる。

転送速度64,000ビット／秒÷**8ビット**＝**8,000**回／秒

上記の計算で1秒間に8,000回のサンプリングを行うことがわかったので，サンプリング間隔を求めると，次のようになる。

1秒÷8,000回＝125×10^{-6}秒

ちょっと深堀り **PCM**

PCM〈＝Pulse Code Modulation〉とは，音声などのアナログデータをディジタルデータに変換する際に用いられるパルス符号変調のこと。標本化，量子化，符号化の3段階でディジタルデータに変調する方式である。

正解　ウ

 でる度 ★★★

Q023

2分探索木として適切なものはどれか。ここで，数字1～9は，各ノード（節）の値を表す。

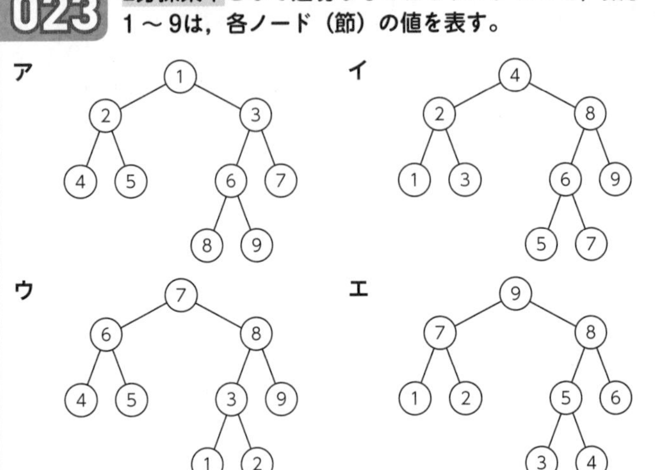

サクッと正解

2分探索木は，左側の子の値が親より小さく，右側の子の値が親より大きくなる。

イモヅル式解説

2分探索木では，節（親）から伸びる左側の部分木（子）の値は，節の値より**小さく**，右側の部分木（子）の値は節（親）の値より**大きく**なければならないという制約がある。

この制約を満たすのは**イ**だけである。

ちょっと深掘り ヒープ

ヒープとは，親要素が子要素より常に大きい，または常に小さいという制約を持つ木構造のこと。**ア**は昇順のヒープ，**エ**は降順のヒープとなっている。

イモヅル復習問題 ➡Q009

正解 イ

でる度★★★

Q 024

10進法で5桁の$a_1\ a_2\ a_3\ a_4\ a_5$を，ハッシュ法を用いて配列に格納したい。ハッシュ関数をmod（$a_1+a_2+a_3+a_4+a_5$，13）とし，求めたハッシュ値に対応する位置の配列要素に格納する場合，54321は次の配列のどの位置に入るか。ここで，mod（x，13）は，xを13で割った余りとする。

位置	配列
0	
1	
2	
⋮	⋮
11	
12	

ア 1　**イ** 2　**ウ** 7　**エ** 11

サクッと正解

関数modに54321を当てはめるとmod（5+4+3+2+1，13）Mod (15, 13) となり，15÷13=1余り2なので，格納する位置は2。

イモヅル式解説

ハッシュ法は，**ハッシュ関数**と呼ばれる関数を用いて，探索するデータの格納アドレスを計算する方法である。データの検索を容易にするなどのメリットがある。

設問では，ハッシュ関数の剰余を求める関数**mod**を用いている。mod（$a_1+a_2+a_3+a_4+a_5$，13）では，a_1から順に5，a_2に4，a_3に3，a_4に2，a_5に1を当てはめ，mod（5+4+3+2+1，13）となる。次に，mod（5+4+3+2+1，13）=mod（15，13）を求める。15÷13を計算すると，**商は1**で**余りは2**になり，54321は配列の「**2**」の位置に入ることがわかる。

正解　**イ**

でる度★☆☆

Q025

関数 $f(x, y)$ が次のように定義されているとき，$f(775, 527)$ の値は幾らか。ここで，x mod y は x を y で割った余りを返す。

$f(x, y)$：if $y=0$ then return x else return $f(y, x \bmod y)$

ア 0
イ 31
ウ 248
エ 527

サクッと正解

xが0になるまでxをyで割った余りの値を計算し続けると，31になる。

イモヅル式解説

$f(x, y)$：if $y=0$ then return x else return $f(y, x \bmod y)$ は，「もし**yが0**ならばxの値を返す，そうでないとき（**0**でないとき）は，$f(y, x \bmod y)$ である**xをyで割った余り**の値を返す」という意味である。

xに775を，yに527を代入してトレースすると，次のような処理になる。

$f(775, 527)$	…yは0でない
$=f(527, 775 \bmod 527)$	…**775÷527**を計算する
$=f(527, 248)$	…775を527で割ると**1余り248**
$=f(248, 527 \bmod 248)$	…**527÷248**を計算する
$=f(248, 31)$	…527を248で割ると**2余り31**
$=f(31, 248 \bmod 31)$	…**248÷31**を計算する
$=f(31, 0)$	…248を31で割ると**8余り0**
$=31$	…yが0なのでxの値**31**を返す
(終了)	

イモヅル復習問題 ➡ Q024

正解 **イ**

Q026

次の流れ図は，10進整数j（$0<j<100$）を8桁の2進数に変換する処理を表している。2進数は下位桁から順に，配列の要素 NISHIN（1）からNISHIN（8）に格納される。流れ図のa及びbに入る処理はどれか。ここで，j div 2はjを2で割った商の整数部分を，j mod 2はjを2で割った余りを表す。

開始
jを入力
変換 k：1，1，8 (注)
a
b
変換
終了

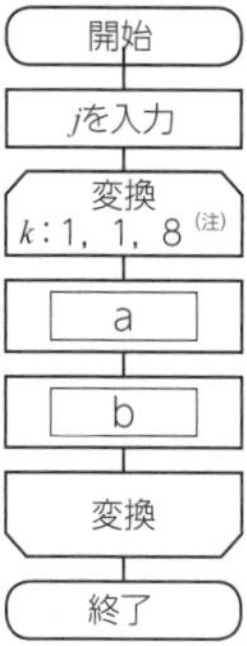

（注）ループ端の繰返し指定は，変数名：初期値，増分，終値を示す。

	a	b
ア	j←j div 2	NISHIN（k）←j mod 2
イ	j←j mod 2	NISHIN（k）←j div 2
ウ	NISHIN（k）←j div 2	j←j mod 2
エ	NISHIN（k）←j mod 2	j←j div 2

サクッと正解

空欄aは余りを代入するNISHIN（k）←j mod 2，空欄bは商を代入するj←j div 2である。

イモヅル式解説

空欄aは，**jを2で割った余り**を変数NISHIN（k）に代入する繰り返し処理を行っている。jを2で割った余りを表すのはj mod 2なので，「**NISHIN（k）←j mod 2**」が入る。NISHIN（k）のkの部分は初期値が1で，1ずつ増えながら8まで繰り返すカウントの役割をしている。

空欄bは，入力値である**jを2で割った商**の整数部分に代えていく処理である。jを2で割った商の整数部分を取り出すのはj div 2なので，「**j←j div 2**」が入る。

イモヅル復習問題 ➡ Q024，Q025

正解 エ

でる度 ★★★

Q027

クイックソートの処理方法を説明したものはどれか。

ア 既に整列済みのデータ列の正しい位置に，データを追加する操作を繰り返していく方法である。
イ データ中の最小値を求め，次にそれを除いた部分の中から最小値を求める。この操作を繰り返していく方法である。
ウ 適当な基準値を選び，それより小さな値のグループと大きな値のグループにデータを分割する。同様にして，グループの中で基準値を選び，それぞれのグループを分割する。この操作を繰り返していく方法である。
エ 隣り合ったデータの比較と入替えを繰り返すことによって，小さな値のデータを次第に端の方に移していく方法である。

サクッと正解

クイックソートとは，大小の判定と分割を繰り返しながら整列を行う方法のこと。

イモヅル式解説

クイックソートは，対象集合から適当な基準値を選び，それより小さな値のグループと大きな値のグループにデータを分割する。同様に，グループの中で基準値を選び，それぞれのグループを分割する。この操作を繰り返して整列する方法である（**ウ**）。

基本挿入法	既に整列済みのデータ列の順序関係を保つ位置に，データを追加する操作を繰り返して整列する方法（**ア**）。
基本選択法	まずデータの中の最小値を求める。次に，求めた最小値を除いた部分の中から最小値を求める。これを繰り返して整列させる方法（**イ**）。
基本交換法（バブルソート）	隣り合ったデータを比較し，逆順であれば入れ替える作業を繰り返すことで，小さな値のデータを次第に端のほうに移して整列する方法（**エ**）。

イモヅル復習問題 ➡ Q023

正解 **ウ**

でる度 ★★☆

Q 028

次の流れ図は，2数A，Bの最大公約数を求めるユークリッドの互除法を，引き算の繰返しによって計算するものである。Aが876，Bが204のとき，何回の比較で処理は終了するか。

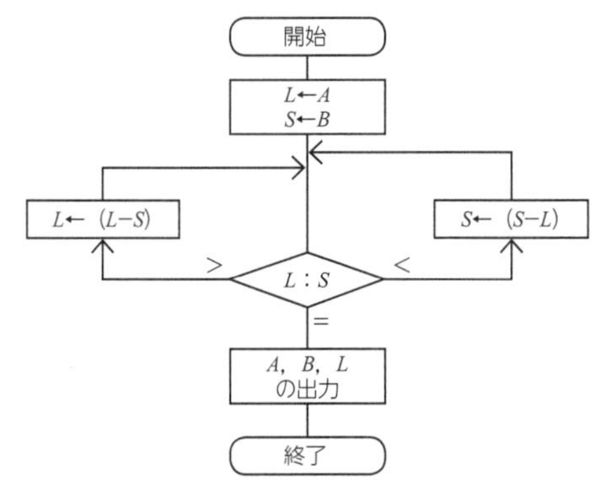

ア 4
イ 9
ウ 10
エ 11

サクッと正解

流れ図をトレースすると，L=Sとなって割り切れるのは11回目。

イモヅル式解説

ユークリッドの互除法は，2つの自然数の最大公約数を計算するアルゴリズムである。「Aが876，Bが204」とあるので，L←AでLは**876**，S←BでSは**204**で初期化される。流れ図をトレースすると、次のように**11**回の比較で処理が終了することがわかる。

①876＞204 L←876−204＝672
②672＞204 L←672−204＝468
③468＞204 L←468−204＝264
④264＞204 L←264−204＝60
⑤60＜204 S←**204−60**＝144
⑥60＜144 S←144−60＝84
⑦60＜84 S←84−60＝24
⑧60＞24 L←**60−24**＝36
⑨36＞24 L←36−24＝12
⑩12＜24 S←**24−12**＝12
⑪12＝12 A，B，Lの出力

イモヅル復習問題 ➡ Q026

正解 エ

でる度 ★★★

Q029 **複数のプロセスから同時に呼び出されたときに，互いに干渉することなく並行して動作することができるプログラムの性質を表すものはどれか。**

ア リエントラント
イ リカーシブ
ウ リユーザブル
エ リロケータブル

サクッと正解

同時に呼び出されても並行して動作できるプログラムの特徴は，**リエントラント**である。

イモヅル式解説

リエントラント（**再入可能**）（**ア**）は，複数のプロセスからの呼び出しに対し，並行して実行されても，それぞれのプロセスに正しい結果を返すプログラムの性質である。

リエントラントなプログラムは，実行するタスク〔➡Q057〕ごとに数値の異なる**データ部分**と，共通の処理内容である**手続き部分**に分離した構造のプログラムにおいて、データ部分をタスク単位に格納することで実現できる。

リカーシブ（**再帰呼出し**）（**イ**）	関数の中で自分自身を用いた処理を行っても正しく動作できるプログラムの性質。
リユーザブル（**再使用可能**）（**ウ**）	一度実行したあとに再実行を繰り返しても正しく動作できるプログラムの性質。
リロケータブル（**再配置可能**）（**エ**）	主記憶上のどのアドレスに配置しても正しく動作できるプログラムの性質。

正解 **ア**

Q030

プログラムのコーディング規約に規定する事項のうち，適切なものはどれか。

ア　局所変数は，用途が異なる場合でもデータ型が同じならば，できるだけ同一の変数を使うようにする。

イ　処理性能を向上させるために，ループの制御変数には浮動小数点型変数を使用する。

ウ　同様の計算を何度も繰り返すときは，関数の再帰呼出しを用いる。

エ　領域割付け関数を使用するときは，割付けができなかったときの処理を記述する。

サクッと正解

コーディング規約には，領域割付けができなかったときの処理を記述しておくことが規定されている。

イモヅル式解説

プログラムの**コーディング規約**とは，プログラムのコードを記述する際の約束事である。

領域割付け関数は，特定のメモリ領域を取得するための関数である。領域割付けが実行できないことがある場合，関数が実行できずにエラーになったときの処理を記述しておく（**エ**）ことは適切である。

- **局所変数**とは，プログラム内の特定の部分でのみ利用できる変数である。変数は，データ型が同じであっても用途が異なる場合（**ア**）は，別の変数を定義して使うのが適切である。
- 繰返し処理を行う**ループ**の制御変数に**浮動小数点型変数**を使用する（**イ**）と，ループ回数が増え，誤差が生じる場合があるので，浮動小数点型ではなく**整数型の数値**を用いるのが適切である。
- 同様の計算を何度も繰り返すときは，関数の**再帰呼出し**〔➡Q029〕（**ウ**）ではなく，何度も繰り返される処理を関数やメソッドとして切り分けるほうが，簡潔にコーディングができるので適切である。

イモヅル復習問題 ➡Q029

正解　**エ**

でる度★★★

Q031

主記憶のデータを図のようにを参照するアドレス指定方式はどれか。

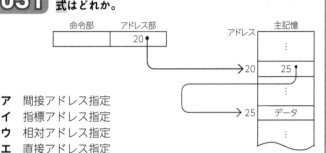

ア 間接アドレス指定
イ 指標アドレス指定
ウ 相対アドレス指定
エ 直接アドレス指定

サクッと正解

アドレス部の値→主記憶のアドレス→格納されている値→実行アドレスの順に指定する方式は，**間接アドレス指定**である。

イモヅル式解説

間接アドレス指定（**ア**）は，命令のアドレス部で指定した主記憶のアドレスに格納されている値を，データの存在する実行アドレスとする方式である。

指標アドレス指定（インデックスアドレス指定）（**イ**）	命令のアドレス部の値に指標（インデックス）レジスタの値を加えた値を実行アドレスとする方式。
基底アドレス指定（ベースアドレス指定）	命令のアドレス部の値に基底（ベース）レジスタの値を加えた値を実行アドレスとする方式。
相対アドレス指定（**ウ**）	命令のアドレス部の値にプログラムカウンタの値を加えた値を実行アドレスとする方式。
直接アドレス指定（絶対アドレス指定）（**エ**）	命令のアドレス部の値をそのまま主記憶の実行アドレスとする方式。
即値アドレス指定	命令のアドレス部の値が処理対象のデータとなる方式。

イモヅル復習問題 ➡Q024

正解 ア

でる度★★☆

Q 032 **外部割込みの原因となるものはどれか。**

ア ゼロによる除算命令の実行
イ 存在しない命令コードの実行
ウ タイマによる時間経過の通知
エ ページフォールトの発生

サクッと正解

外部割込みの原因となるものは，プログラムの実行以外で起こるタイマによる通知である。

イモヅル式解説

外部割込みは，プログラムの実行以外の原因で起こる割込みである。

時間の経過に起因したタイマによる時間経過の通知（**ウ**）は，外部割込みの原因になる。

ゼロによる除算命令の実行（**ア**），存在しない命令コードの実行（**イ**），プログラムが主記憶上に存在しないデータにアクセスしようとするページフォールトの発生（**エ**）は，すべてプログラムの実行が原因となる**内部割込み**である。

内部割込み	実行中のプログラムが原因で起こる割込み。0での除算など不正な処理が行われたことによるプログラム割込みや，OSにサービスを依頼したときに発生するスーパバイザコール割込みなどがある。
外部割込み	内部割込み以外の原因で起こる割込みのこと。停電などによるハードウェアの障害が原因の機械チェック割込み，入出力が完了したことによる入出力割込み，インターバルタイマにより指定時間経過時に生じるタイマ割込みなどがある。

正解 **ウ**

でる度★★★

Q 033

図はプロセッサによってフェッチされた命令の格納順序を表している。aに当てはまるものはどれか。

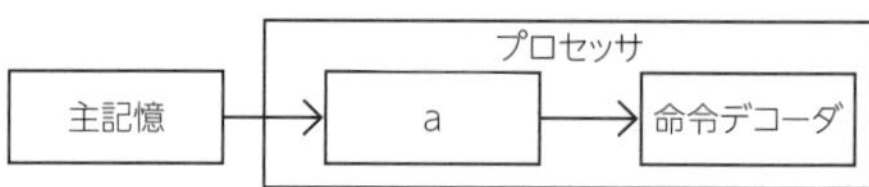

ア アキュムレータ
イ データキャッシュ
ウ プログラムレジスタ（プログラムカウンタ）
エ 命令レジスタ

サクッと正解

主記憶から読み出した命令を格納するのは，命令のデコードを行うための**命令レジスタ**である。

イモヅル式解説

フェッチ〈=Fetch〉は，CPUが主記憶（メインメモリ）から命令を読み出す動作である。命令の格納順序は，次のとおり。

①**プログラムレジスタ**（**プログラムカウンタ**）（ウ）の示すアドレスから，命令語を**命令レジスタ**（エ）へ取り出す（**命令フェッチ**）。これが空欄aである。②取り出した命令を**命令デコーダ**が解読する（**命令デコード**）。③命令語のデータ部分（**オペランド**）の値から，演算対象のデータのある主記憶のアドレス値を計算する。④アドレス値にある演算対象のデータを，主記憶から汎用レジスタへ取り出す（**オペランドフェッチ**）。⑤解読された命令と演算対象のデータで命令を用いて演算を行う。

アキュムレータ（ア）	条件付き分岐命令を実行するために演算結果の状態を保持するレジスタ。
データキャッシュ（イ）	データ（オペランド）を一時的に保存するためのキャッシュメモリ〔➡**Q037**〕。
プログラムレジスタ（**プログラムカウンタ**）（ウ）	次の命令が格納されたアドレスを保持するレジスタ。

正解 **エ**

Q034

メイン処理，及び表に示す二つの割込みA，Bの処理があり，多重割込みが許可されている。割込みA，Bが図のタイミングで発生するとき，0ミリ秒から5ミリ秒までの間にメイン処理が利用できるCPU時間は何ミリ秒か。ここで，割込み処理の呼出し及び復帰に伴うオーバヘッドは無視できるものとする。

割込み	処理時間（ミリ秒）	割込み優先度
A	0.5	高
B	1.5	低

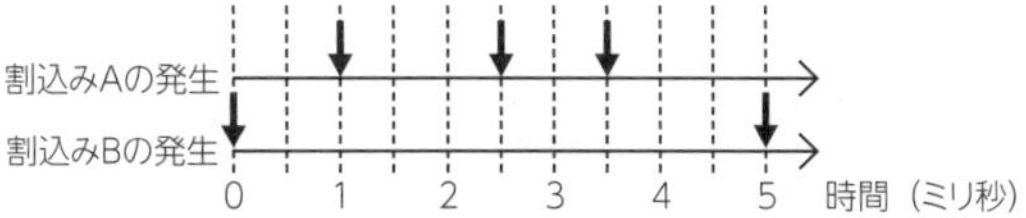

割込みAの発生
割込みBの発生
0　1　2　3　4　5　時間（ミリ秒）
注記 ↓は，割込みの発生タイミングを示す。

ア 2
イ 2.5
ウ 3.5
エ 5

サクッと正解

割込み処理をしていない時間は，0.5＋0.5＋1＝2ミリ秒。

イモヅル式解説

割込みは，実行中のプログラムの処理を中断し，別の処理を行うことである。設問の割込み処理時間は，割込みAと割込みBの処理が行われている時間である。

①割込みBの処理を0.0ミリ秒から**1.0**ミリ秒行う。
②割込みAの処理を0.5ミリ秒行う。ここまで**1.5**ミリ秒。
③割込みBの未処理分を**0.5**ミリ秒行う。ここまで**2.0**ミリ秒。
④割込みAの処理を**2.5**ミリ秒から0.5ミリ秒行う。ここまで**3.0**ミリ秒。
⑤割込みAの処理を**3.5**ミリ秒から0.5ミリ秒行う。ここまで**4.0**ミリ秒。

上記の「③と④の間の**0.5**ミリ秒＋④と⑤の間の**0.5**ミリ秒＋⑤が終了してから5ミリ秒までの**1**ミリ秒＝**2**ミリ秒」が，メイン処理の利用できるCPU時間である。

イモヅル復習問題 ➡ Q032

正解 **ア**

アノードコモン型7セグメントLEDの点灯回路で，出力ポートに16進数で92を出力したときの表示状態はどれか。ここで，P7を最上位ビット（MSB），P0を最下位ビット（LSB）とし，ポート出力が0のときLEDは点灯する。

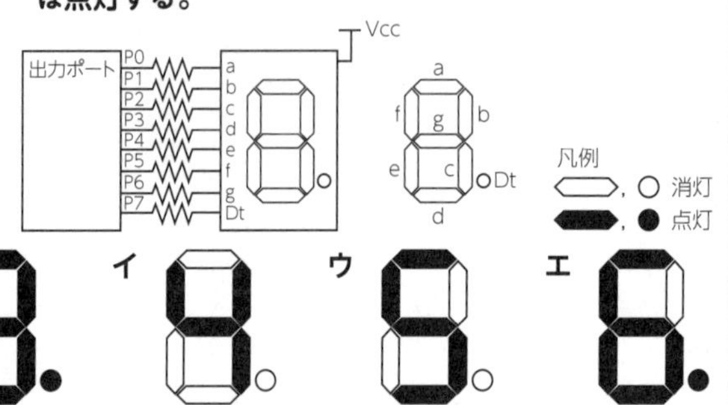

ア　イ　ウ　エ

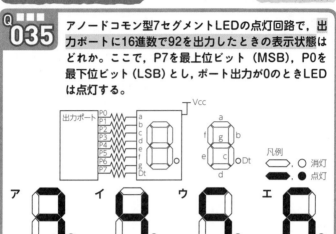

サクッと正解

16進数92は2進数1001 0010。出力0のときに点灯するLEDはg, f, d, c, aである。

イモヅル式解説

16進数「92」を2進数に変換すると「1001 0010」で，P7が**最上位ビット**〈=MSB；Most Significant Bit〉，P0が**最下位ビット**〈=LSB；Least Significant Bit〉である。

ビットの桁	8	7	6	5	4	3	2	1
出力ポート	P7	P6	P5	P4	P3	P2	P1	P0
16進数92を2進数に変換	1	0	0	1	0	0	1	0
LEDの場所	Dt	g	f	e	d	c	b	a

出力0のポートに対応するLEDが点灯する型なので，点灯するLEDは最上位ビットから順番に「g，f，d，c，a」の5つとわかる。

正解　ウ

コンピュータシステム

でる度★★☆

Q 036

1GHzのクロックで動作するCPUがある。このCPUは，機械語の1命令を平均0.8クロックで実行できることが分かっている。このCPUは1秒間に平均何万命令を実行できるか。

ア 125
イ 250
ウ 80,000
エ 125,000

サクッと正解

CPUのクロックを，実行できる平均クロックで割ればよい。
100,000万回/秒のクロック÷0.8クロック/秒＝125,000万回/秒

イモヅル式解説

1GHzの**クロック**で動作するということは，1秒間に**100,000万**回の周期的な信号であるクロックが発生するということである。機械語の1命令を平均**0.8**クロックで実行するので，1秒間に実行される命令は「100,000万回/秒のクロック÷0.8クロック/秒」で計算できる。

100,000万回/秒のクロック÷0.8クロック/秒
＝**125,000万**回/秒（**エ**）

クロック	回路が処理の歩調を合わせるために周期的に発する信号。
クロック周波数	クロックが1秒あたり何回発生するかを表す数値。
MIPS 〈=Million Instructions Per Second〉	1秒間に何百万個の命令が実行できるかを表す単位。

正解 **エ**

 でる度★★☆

Q 037

キャッシュの書込み方式には，ライトスルー方式とライトバック方式がある。ライトバック方式を使用する目的として，適切なものはどれか。

ア　キャッシュと主記憶の一貫性（コヒーレンシ）を保ちながら，書込みを行う。

イ　キャッシュミスが発生したときに，キャッシュの内容の主記憶への書き戻しを不要にする。

ウ　個々のプロセッサがそれぞれのキャッシュをもつマルチプロセッサシステムにおいて，キャッシュ管理をライトスルー方式よりも簡単な回路構成で実現する。

エ　プロセッサから主記憶への書込み頻度を減らす。

サクッと正解

ライトバック方式とは，プロセッサから主記憶への書込み頻度を減らすための方式のこと。

イモヅル式解説

キャッシュメモリの**ライトスルー方式**は，キャッシュメモリと主記憶の両方に同時にデータを書き込む方式である。両方に書き込むので，キャッシュと主記憶の**一貫性**（**コヒーレンシ**）を保ちながら，書込みを行う（**ア**）ことができる。また，**キャッシュミス**が発生したときに，キャッシュの内容の主記憶への書き戻しが不要になる（**イ**）。

ライトバック方式は，キャッシュメモリ上でデータを更新しているときは，**主記憶**のデータの変更を行わない。キャッシュメモリから当該データが追い出されるときにのみ主記憶に書き込む方式なので，**プロセッサ**から主記憶への書込み頻度を減らす（**エ**）ことができる。

キャッシュ管理（**ウ**）は，ライトスルー方式よりも複雑な回路構成で実現する。

正解　**エ**

でる度 ★★★

Q■■■ 038

A～Dを，主記憶の実効アクセス時間が短い順に並べたものはどれか。

	キャッシュメモリ			主記憶
	有無	アクセス時間（ナノ秒）	ヒット率（%）	アクセス時間（ナノ秒）
A	なし	－	－	15
B	なし	－	－	30
C	あり	20	60	70
D	あり	10	90	80

ア A，B，C，D　**イ** A，D，B，C
ウ C，D，A，B　**エ** D，C，A，B

サクッと正解

実効アクセス時間＝（キャッシュメモリのアクセス時間×ヒット率）＋主記憶のアクセス時間×（1－ヒット率）

イモヅル式解説

主記憶の**実効アクセス時間**は，**キャッシュメモリ**〔➡Q037〕が「なし」のとき，主記憶のアクセス時間がそのまま実効アクセス時間になる。キャッシュメモリが「あり」のとき，キャッシュメモリで処理できる割合である「ヒット率」の分だけキャッシュメモリのアクセス時間になり，それ以外は主記憶のアクセス時間になる。

設問の表から，Aの実効アクセス時間は**15ナノ秒**，Bの実効アクセス時間は**30ナノ秒**である。

Cの実効アクセス時間は「**20×0.6**＋70×（1－0.6）＝**40ナノ秒**」，Dの実効アクセス時間は「10×0.9＋80×（**1－0.9**）＝**17ナノ秒**」である。

したがって，短い順に並べると，A（15ナノ秒），D（17ナノ秒），B（30ナノ秒），C（40ナノ秒）となる。

イモヅル復習問題 ➡Q037

正解 イ

でる度★★★

Q039 DRAMの特徴はどれか。

ア 書込み及び消去を一括又はブロック単位で行う。
イ データを保持するためのリフレッシュ操作又はアクセス操作が不要である。
ウ 電源が遮断された状態でも，記憶した情報を保持することができる。
エ メモリセル構造が単純なので高集積化することができ，ビット単価を安くできる。

サクッと正解

DRAMは，高集積化ができ，ビット単価を安くできる。

イモヅル式解説

DRAM〈=Dynamic Random Access Memory〉は，メモリセル構造が単純なので，高集積化に適しており，ビット単価を安くできる（エ）。**主記憶**としてよく用いられる。

そのほかの選択肢の内容も確認しておこう。

- 書込み及び消去はブロック単位（ア）ではなく，**アドレス単位**で行われる。
- データを保持するために，一定時間ごとにメモリの内容を再書込みする**リフレッシュ**と呼ばれる操作が必要である。データを保持するためのリフレッシュ操作が不要（イ）なのは，**SRAM**〈=Static Random Access Memory〉である。SRAMは，2つの安定状態をもつことで1ビットの状態を表現可能な順序回路である**フリップフロップ**で構成され，**高速**であるが製造コストが高い。**キャッシュメモリ**〔➡Q037〕などに用いられる。
- 電源が遮断されると，記憶した情報は保持されず消えてしまう**揮発性メモリ**である。電源が遮断されても情報を保持できる（ウ）のは**ROM**〈=Read Only Memory〉である。

正解 **エ**

でる度★★☆

Q 040

SDメモリカードの上位規格の一つであるSDXCの特徴として，適切なものはどれか。

ア　GPS，カメラ，無線LANアダプタなどの周辺機能をハードウェアとしてカードに搭載している。

イ　SDメモリカードの4分の1以下の小型サイズで，最大32Gバイトの容量をもつ。

ウ　著作権保護技術としてAACSを採用し，従来のSDメモリカードよりもセキュリティが強化された。

エ　ファイルシステムにexFATを採用し，最大2Tバイトの容量に対応できる。

サクッと正解

SDXCのファイルシステムは，exFAT，最大容量は2Tバイトである。

イモヅル式解説

SDXC〈=SD eXtended Capacity〉は，ファイルシステムとしてexFATが採用され，最大容量は2Tバイト（**エ**）のSDカードの規格である。

SDIO〈=SD Input/Output〉	SDカードと同じインタフェースで，データの入出力機能を備えた規格。GPS，カメラ，Bluetooth，無線LANアダプタなどの周辺機能をハードウェアとしてカードに搭載している（**ア**）。
micro SDHC	SDメモリカードの4分の1以下の小型サイズで，最大32Gバイトの容量をもつ（**イ**）SDカードの規格。
AACS〈=Advanced Access Content System〉	Blu-rayディスクなどで採用されている映像コンテンツの著作権保護技術（**ウ**）。
CPXM〈=Content Protection for eXtended Media〉	SDカードなどで採用されている従来のCPRM〈 =Content Protection for Recordable Media〉を強化した著作権保護技術。

正解　**エ**

でる度★★★

Q 041

メモリのエラー検出及び訂正にECCを利用している。データバス幅2^nビットに対して冗長ビットがn+2ビット必要なとき，128ビットのデータバス幅に必要な冗長ビットは何ビットか。

ア 7
イ 8
ウ 9
エ 10

サクッと正解

128＝2^7であり，冗長ビットは7+2＝9ビット必要である。

イモヅル式解説

ECC〈=Error Correcting Code〉は，データの誤りを検出・修正するための符号である。**データバス幅**はデータを一度に転送できるデータ量である。設問では，128ビットのデータバス幅なので，2^7（=128ビット）のデータを一度に転送するという意味である。

データバス幅2^nビットに対し，予備となる冗長ビットがn+2ビット必要になるので，7+2=9ビットである。

ちょっと深堀り **エラーの検出方法**

コンピュータシステムにおけるエラーの検出とは，データを記録したり通信したりするときに，元のデータとの相違を検出する仕組みのこと。コンピュータが扱うデータは0と1の羅列なので，たとえば「行（横）と列（縦）にある1の数を偶数にして送信する」などと決めておく。この誤り検出用に追加したデータをパリティと呼ぶ。
ほかにも「データをすべて加算したとき一の位が0になる」などと決め，末尾に調整のためのデータを追加しておけば、破損や改ざんなどで完全ではないデータを検出できる。

正解 ウ

でる度 ★☆☆

Q 042 **次に示す接続のうち，デイジーチェーンと呼ばれる接続方法はどれか。**

ア　PCと計測機器とをRS-232Cで接続し，PCとプリンタとをUSBを用いて接続する。

イ　Thunderbolt接続ポートが2口ある4Kディスプレイ2台を，PCのThunderbolt接続ポートから1台目のディスプレイにケーブルで接続し，さらに，1台目のディスプレイと2台目のディスプレイとの間をケーブルで接続する。

ウ　キーボード，マウス及びプリンタをUSBハブにつなぎ，USBハブとPCとを接続する。

エ　数台のネットワークカメラ及びPCをネットワークハブに接続する。

サクッと正解

デイジーチェーンは，機器が“イモヅル式”に接続される方法。

イモヅル式解説

デイジーチェーン〈=Daisy Chain〉接続は，ハードウェアや部品を「数珠つなぎ」に接続する方法である。ハードウェア同士が直接接続されるのが特徴であることを踏まえ，選択肢の内容を検討する。

- PCと計測機器，PCとプリンタ（**ア**）というように，周辺機器同士が直接接続されていないので，デイジーチェーン接続ではない。なお，**RS-232C**〈=Recommended Standard 232 version C〉は，**シリアルインタフェース**〔➡Q044〕である。
- ディスプレイ同士が直接接続される（**イ**）ので，デイジーチェーン接続である。なお，**Thunderbolt**は，機器に様々な周辺機器を接続するための多機能な接続インタフェースである。
- 複数のUSB機器を接続するための集線装置であるUSBハブにつないでいる（**ウ**）ので，デイジーチェーン接続ではない。
- 通信機器をネットワークに接続するための装置であるネットワークハブに接続している（**エ**）ので，デイジーチェーン接続ではない。

正解　**イ**

Q043

USB Type-Cのプラグ側コネクタの断面図はどれか。ここで，図の縮尺は同一ではない。

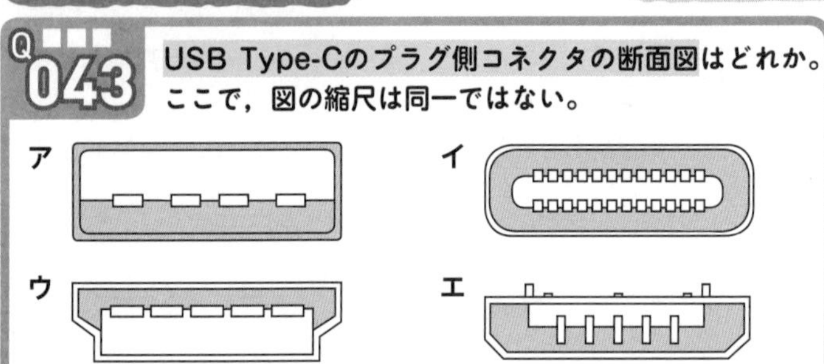

サクッと正解

USB Type-Cは

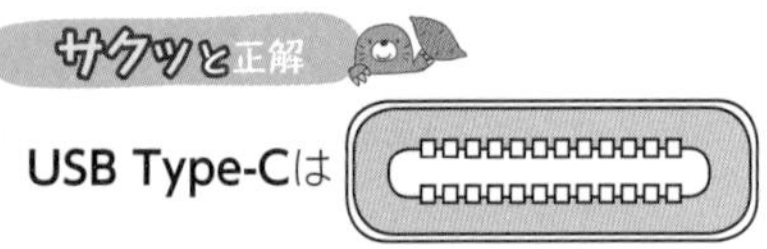

イモヅル式解説

USB Type-C〈=Universal Serial Bus Type-C〉は，USB機器とケーブルにおける規格の1つ。コネクタは24ピンで、Type-AやType-Bと異なり、表裏の方向を問わずに差すことができる。

様々なコネクタの形状をまとめて覚えよう。

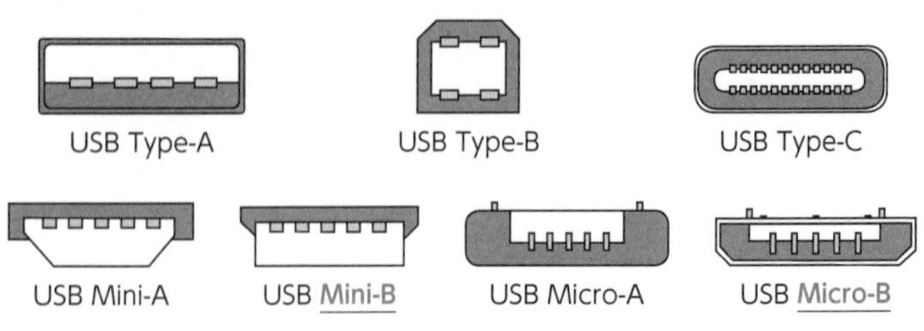

アはUSB Type-A、**ウ**はUSB Mini-B、**エ**はUSB Micro-Bのコネクタの形状である。

イモヅル復習問題 ➡ Q042

正解　イ

Q044 USB3.0の説明として，適切なものはどれか。

ア　1クロックで2ビットの情報を伝送する4対の信号線を使用し，最大1Gビット／秒のスループットをもつインタフェースである。
イ　PCと周辺機器とを接続するATA仕様をシリアル化したものである。
ウ　音声，映像などに適したアイソクロナス転送を採用しており，ブロードキャスト転送モードをもつシリアルインタフェースである。
エ　スーパースピードと呼ばれる5Gビット／秒のデータ転送モードをもつシリアルインタフェースである。

サクッと正解

USB3.0は，5Gビット／秒のデータ転送モードのあるシリアルインタフェースである。

イモヅル式解説

USB3.0は，スーパースピードと呼ばれる5Gビット／秒のデータ転送モードをもつ**シリアルインタフェース**である（**エ**）。シリアルインタフェースとは，ディジタルデータを1ビットずつ**順次**伝送する方式のこと。なお，**ブロードキャスト転送**（**ウ**）はできない。

1000BASE-T	1クロックで2ビットの情報を伝送する4対の信号線を使用し，最大1Gビット／秒のスループット〔➡Q057〕をもつインタフェース（**ア**）。
SATA〈=Serial AT Attachment〉	PCとハードディスクなどの周辺機器とを接続するATA仕様をシリアル化したもの（**イ**）。
IEEE1394	一定時間あたりの最低データ転送量が保証され，音声や映像などに適したアイソクロナス転送を採用しており，ブロードキャスト転送モードをもつシリアルインタフェース（**ウ**）。

イモヅル復習問題 ➡Q042

正解　**エ**

でる度★★★

Q 045

96dpiのディスプレイに12ポイントの文字をビットマップで表示したい。正方フォントの縦は何ドットになるか。ここで，1ポイントは1／72インチとする。

ア 8
イ 9
ウ 12
エ 16

サクッと正解

12ポイント×1／72インチ＝1／6インチ
96ドット×1／6インチ＝16ドット

イモヅル式解説

dpi〈=dots per inch〉は，1インチ（2.54cm）の辺にドット（ピクセル，画素）がいくつあるかを示す単位である。

設問の「1ポイントは1／72インチ」に基づき，12ポイントをインチに換算すると，文字1辺の大きさは12／72=1／6インチになる。

96dpiのディスプレイに，この1辺1／6インチの文字を描画すると，96ドット×1／6インチ＝16ドットとなる。

様々な単位をまとめて覚えよう。

dpi〈=dots per inch〉	1インチあたりの画素数
fps〈=frame per second〉	1秒あたりのフレーム数
ppm〈=page per minute〉	1分あたりの印刷枚数
rpm〈=revolution per minute〉	1分あたりの回転数
bps〈=bit per second〉	1秒あたりのデータ転送量
cpi〈=cycles per instruction〉	1命令を実行するクロック数

正解 エ

でる度★★★

Q□□□
046

500バイトのセクタ8個を1ブロックとして，ブロック単位でファイルの領域を割り当てて管理しているシステムがある。2,000バイト及び9,000バイトのファイルを保存するとき，これら二つのファイルに割り当てられるセクタ数の合計は幾らか。ここで，ディレクトリなどの管理情報が占めるセクタは考慮しないものとする。

ア 22
イ 26
ウ 28
エ 32

サクッと正解

2,000バイトのファイルで8セクタ，9,000バイトのファイルで24セクタ，合計で8セクタ＋24セクタ＝32セクタ。

イモヅル式解説

設問に「ブロック単位でファイルの領域を割り当てて管理」とあるので，2つのファイルに必要なブロック数とセクタ数を，次のように算出する。

①1ブロック＝500バイト×8個＝4,000バイト
②2,000バイトのファイル
2,000バイト＜4,000バイトなので，
必要な容量＝1ブロック＝8セクタ
③9,000バイトのファイル
2ブロック（4,000バイト×2ブロック）＜9,000バイト＜3ブロック（4,000バイト×3ブロック）なので，
必要な容量＝3ブロック＝24セクタ
④セクタ数の合計＝8セクタ＋24セクタ＝32セクタ

正解 エ

でる度 ★★★

Q047

RAIDの分類において，ミラーリングを用いることで信頼性を高め，障害発生時には冗長ディスクを用いてデータ復元を行う方式はどれか。

ア RAID1
イ RAID2
ウ RAID3
エ RAID4

サクッと正解

ミラーリングを用いることで信頼性を高める方式は，**RAID1**である。

イモヅル式解説

RAID〈=Redundant Array of Inexpensive Disks〉は，複数の記憶装置による構成により，下表のように分類できる。**ミラーリング**を用いることで信頼性を高め，障害発生時には**冗長ディスク**を用いてデータ復元を行う方式は，**RAID1**（ア）である。

RAID0	複数のディスクに分散して保存する**ストライピング**で高速化する方式。
RAID1（ア）	同じデータを2台のディスクに書き込むミラーリングで信頼性の向上を図る方式。
RAID2（イ）	エラー訂正のためのエラー訂正符を付加してストライピングで書き込む方式。
RAID3（ウ）	RAID2のエラー訂正を**パリティビット**〔➡Q002〕で行う方式。
RAID4（エ）	RAID3のストライピングを**ブロック**単位で行う方式。
RAID5	データとパリティビット〔➡Q002〕を分散して保存することで信頼性と高速化を図る方式。

イモヅル復習問題 ➡ Q002，Q046

正解 ア

Q048

3Dプリンタの機能の説明として，適切なものはどれか。

ア　高温の印字ヘッドのピンを感熱紙に押し付けることによって印刷を行う。
イ　コンピュータグラフィックスを建物，家具など凹凸のある立体物に投影する。
ウ　熱溶解積層方式などによって，立体物を造形する。
エ　立体物の形状を感知して，3Dデータとして出力する。

サクッと正解

3Dプリンタは，立体物を造形する装置である。

イモヅル式解説

3Dプリンタは，立体物を造形する出力装置である（**ウ**）。インクジェット方式，粉末焼結積層造形方式，光造形方式，**熱溶解積層**方式など，様々な造形方式がある。

そのほかの選択肢の内容も確認しておこう。

サーマルプリンタ	高温の印字ヘッドのピンを感熱紙に押し付けることによって印刷を行う感熱式プリンタやインクリボンを使用する熱転写プリンタなど（**ア**）。
プロジェクションマッピング	コンピュータグラフィックスを建物や家具などの立体物の凹凸に貼り合わせるように投影する技術（**イ**）。
3Dスキャナ	立体物の凹凸を感知し、複数の3次元座標を取り込んで3Dデータとして出力する装置（**エ**）。

正解　ウ

でる度★★★

Q 049

冗長構成におけるデュアルシステムの説明として，適切なものはどれか。

ア　2系統のシステムで並列処理をすることによって性能を上げる方式である。

イ　2系統のシステムの負荷が均等になるように，処理を分散する方式である。

ウ　現用系と待機系の2系統のシステムで構成され，現用系に障害が生じたときに，待機系が処理を受け継ぐ方式である。

エ　一つの処理を2系統のシステムで独立に行い，結果を照合する方式である。

サクッと正解

デュアルシステムとは，一つの処理を2系統のシステムで独立して行う方式のこと。

イモヅル式解説

デュアルシステムは，同じ処理を行うシステムを二重に用意し，処理結果を照合する（**エ**）ことで処理の正しさを確認する。いずれかのシステムに障害が発生した場合は，**フォールバック**（**縮退運転**）により処理を継続する方式である。

並列処理システム	2系統のシステムで同時に行う並列処理をすることで，性能を上げる方式（**ア**）。
負荷分散システム	2系統のシステムに分けて処理することで，負荷を分け合ったり均等にしたりする処理方式（**イ**）。
デュプレックスシステム	現用系と待機系の2系統のシステムで構成され，現用系に障害が生じたときに，待機系が現用系で行っていた処理を受け継ぐ方式（**ウ**）。
ホットスタンバイ	待機系は現用系が動作しているかを監視し，現用系に障害が発生すると現用系の処理を直ちに引き継ぐ方式。
コールドスタンバイ	待機系は現用系と別の処理を行い，現用系に障害が発生すると，処理を中断して現用系の処理を行う方式。

正解　**エ**

でる度★★☆

Q 050

コンピュータを2台用意しておき、現用系が故障したときは、現用系と同一のオンライン処理プログラムをあらかじめ起動して待機している待機系のコンピュータに速やかに切り替えて、処理を続行するシステムはどれか。

ア コールドスタンバイシステム
イ ホットスタンバイシステム
ウ マルチプロセッサシステム
エ マルチユーザシステム

サクッと正解

現用系と同一の待機系を起動した状態で待機しておくシステムは，**ホットスタンバイシステム**である。

イモヅル式解説

ホットスタンバイシステム（イ）	待機系は現用系の動作を監視し，現用系の障害発生時にただちに処理を引き継ぐシステム。
ウォームスタンバイシステム	待機系は現用系と同一のアプリケーションを起動していないものの，OSは起動した状態で待機しているシステム。
コールドスタンバイシステム（ア）	待機系は電源が入っていない状態や別の処理を行っている状態で待機しているシステム。
ロードシェアシステム	待機系は現用系の負荷状態を監視し，現用系のオーバロード（過負荷状態）の検出時にオーバロードした分の処理を引き受けて実行するシステム。

マルチプロセッサシステム（ウ）とは，複数のプロセッサで並列処理を行うシステムのこと。また，**マルチユーザシステム**（エ）は，複数の利用者が同時に利用できるシステムである。

イモヅル復習問題 ➡ Q049

正解 イ

でる度 ★★★

Q 051

システムのスケールアウトに関する記述として，適切なものはどれか。

ア　既存のシステムにサーバを追加導入することによって，システム全体の処理能力を向上させる。

イ　既存のシステムのサーバの一部又は全部を，クラウドサービスなどに再配置することによって，システム運用コストを下げる。

ウ　既存のシステムのサーバを，より高性能なものと入れ替えることによって，個々のサーバの処理能力を向上させる。

エ　一つのサーバをあたかも複数のサーバであるかのように見せることによって，システム運用コストを下げる。

サクッと正解

スケールアウトとは，稼働数を増やして処理能力を向上させる手法。

イモヅル式解説

システムの**スケールアウト**は，既存のシステムにサーバを追加導入するなど，稼働数を増やすことにより，システム全体の性能を増強させる手法である（**ア**）。システム規模を増減させるスケーリングに関する用語をまとめて覚えよう。

スケールアップ	既存システムのサーバをより高性能なものと入れ替えるなど，単体の処理能力を向上させることにより，システム全体の性能を増強させる手法（**ウ**）。
スケールイン	システムの構成を見直し，機器の台数の削減などにより，システムの運用コストを下げる手法。
クラウドコンピューティング	既存システムのサーバの一部または全部を，ネットワークを通じて提供される**クラウドサービス**などに再配置することにより，システムの運用コストを下げる手法（**イ**）。
サーバの**仮想化**	1つのサーバをあたかも複数のサーバであるかのように見せることにより，稼働数を増やしたり，システムの運用コストを下げたりする手法（**エ**）。

正解　**ア**

でる度★★★

Q 052

MTBFとMTTRに関する記述として，適切なものはどれか。

ア　エラーログや命令トレースの機能によって，MTTRは長くなる。

イ　遠隔保守によって，システムのMTBFは短くなり，MTTRは長くなる。

ウ　システムを構成する装置の種類が多いほど，システムのMTBFは長くなる。

エ　予防保守によって，システムのMTBFは長くなる。

サクッと正解

MTBFとは，故障から故障までの間隔のこと。予防保守によって故障しにくくなるので，MTBFは長くなる。

イモヅル式解説

MTBF〈=Mean Time Between Failure〉は，故障から復旧して再び故障するまでの平均時間であり，**平均故障間隔**とも呼ばれる。システムは予防保守によって故障しにくくなるので，MTBFは長くなる（**エ**）。**MTTR**〈=Mean Time To Repair〉は，故障が発生してから復旧するまでの平均時間で**平均修復時間**とも呼ばれる。

そのほかの選択肢の内容も確認しておこう。

- 故障の原因を把握しやすくなる**エラーログ**や**命令トレース**の機能により，MTTRは短くなる（**ア**）。
- 遠隔保守により修理の待ち時間を短縮できるので，MTTRは短くなるが，MTBFは変わらない（**イ**）。
- システムを構成する装置の種類が多いほど，故障の確率が上がるので，システムのMTBFは短くなる（**ウ**）。

正解　**エ**

コンピュータシステム

でる度★★★

Q 053

2台の処理装置から成るシステムがある。少なくともいずれか一方が正常に動作すればよいときの稼働率と，2台とも正常に動作しなければならないときの稼働率の差は幾らか。ここで，処理装置の稼働率はいずれも0.9とし，処理装置以外の要因は考慮しないものとする。

ア 0.09　**イ** 0.10　**ウ** 0.18　**エ** 0.19

サクッと正解

並列の稼働率から直列の稼働率を引いて差を求める。

並列（1－（1－0.9）×（1－0.9））－直列（0.9×0.9）＝0.18

イモヅル式解説

いずれか一方が正常に動作すればよいときは**並列**，2台とも正常に動作しなければならないときは**直列**に接続されているシステムである。

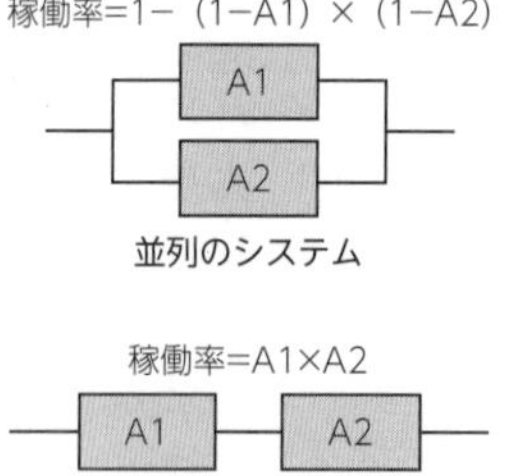

並列のシステム

直列のシステム

並列のシステムと直列のシステムの稼働率を公式に当てはめて計算し，差を算出する。

並列のシステム：稼働率＝1－（1－**0.9**）×（1－**0.9**）＝**0.99**
直列のシステム：稼働率＝**0.9**×**0.9**＝**0.81**
稼働率の差＝**0.99**－**0.81**＝**0.18**

正解　ウ

でる度 ★★☆

Q054

図の送信タスクから受信タスクにT秒間連続してデータを送信する。1秒当たりの送信量をS，1秒当たりの受信量をRとしたとき，バッファがオーバフローしないバッファサイズLを表す関係式として適切なものはどれか。ここで，受信タスクよりも送信タスクの方が転送速度は速く，次の転送開始までの時間間隔は十分にあるものとする。

ア L＜（R－S）×T
イ L＜（S－R）×T
ウ L≧（R－S）×T
エ L≧（S－R）×T

サクッと正解

バッファサイズLは「(送信量S－受信量R）×T秒」以上である必要がある。

イモヅル式解説

送信タスクが受信タスクより転送速度が速いときは，データを一時的に保持する記憶領域であるバッファがあふれる**オーバフロー**という現象が生じる可能性がある。

1秒あたりバッファが保持する受信量は**(S－R)**であり，T秒間にバッファにたまるデータ量は**(S－R)×T**である。バッファがオーバフローしないバッファサイズLは，「(S－R)×T」以上である必要があるので，関係式は**L≧(S－R)×T**（**エ**）であることがわかる。

イモヅル復習問題 ➡ Q053

正解 **エ**

Q055

タスクのディスパッチの説明として，適切なものはどれか。

ア　各タスクの実行順序を決定すること
イ　実行可能なタスクに対してプロセッサの使用権を割り当てること
ウ　タスクの実行に必要な情報であるコンテキストのこと
エ　一つのプロセッサで複数のタスクを同時に実行しているかのように見せかける機能のこと

サクッと正解

タスクの**ディスパッチ**とは，実行可能なタスクにCPUの使用権を割り当てる制御のこと。

イモヅル式解説

タスク〔➡**Q057**〕の**ディスパッチ**は，OSが実行可能なタスクを管理し，プロセッサの使用権を割り当てる（**イ**）など，優先して実行可能な状態にするなどの制御を行うことである。

そのほかのタスクに関連する用語も覚えておこう。

タスクスケジューリング	タスクの到着順や優先順位、CPUの使用時間を割り当てるラウンドロビンなどの方式により、タスクの実行順序を決定すること（**ア**）。
TCB 〈=Task Control Block〉	タスクの状態や優先度などの情報が保持されたタスク制御ブロック（**ウ**）。
マルチタスク	1つのプロセッサで複数のタスクを同時に実行しているように処理すること（**エ**）。OSが強制的に制御できる**プリエンプティブ**〔➡**Q057**〕なマルチタスクと，処理完了を待って切り替える**擬似マルチタスク**がある。

正解　**イ**

コンピュータシステム

でる度★★★

Q056 **スプーリング機能の説明として，適切なものはどれか。**

ア　あるタスクを実行しているときに，入出力命令の実行によってCPUが遊休（アイドル）状態になると，他のタスクにCPUを割り当てる。

イ　実行中のプログラムを一時中断して，制御プログラムに制御を移す。

ウ　主記憶装置と低速の入出力装置との間のデータ転送を，補助記憶装置を介して行うことによって，システム全体の処理能力を高める。

エ　多数のバッファから成るバッファプールを用意し，主記憶装置にあるバッファにアクセスする確率を上げることによって，補助記憶装置のアクセス時間を短縮する。

1 テクノロジ系

サクッと正解

スプーリングとは，低速なデータ転送を補助記憶装置が行うことで全体の処理能力を高める機能のこと。

イモヅル式解説

スプーリングは，高速な主記憶装置と低速な入出力装置との間のデータ転送を，**補助記憶装置**を介して行うことにより，**CPU**の待ち時間を減らし，システム全体の処理能力を高める機能である（**ウ**）。

マルチタスク 〔➡Q055〕	あるタスクの実行中に，入出力命令の実行によってCPUが遊休（アイドル）状態になると，ほかのタスクにCPUを割り当てる制御（**ア**）。
割込み処理	直ちに別の処理が必要になった場合などに実行中のプログラムより優先させるため，システムが現在の処理を一時中断し，制御プログラムに制御を移す制御（**イ**）。
ディスクキャッシュ	多数のバッファからなる**バッファプール**を用意し，主記憶のバッファへのアクセス確率を上げることにより，補助記憶装置のアクセス時間を短縮する処理（**エ**）。

イモヅル復習問題 ➡Q054，Q055

正解　ウ

Q057

優先度に基づくプリエンプティブなスケジューリングを行うリアルタイムOSで，二つのタスクA，Bをスケジューリングする。Aの方がBよりも優先度が高い場合にリアルタイムOSが行う動作のうち，適切なものはどれか。

ア　Aの実行中にBに起動がかかると，Aを実行可能状態にしてBを実行する。

イ　Aの実行中にBに起動がかかると，Aを待ち状態にしてBを実行する。

ウ　Bの実行中にAに起動がかかると，Bを実行可能状態にしてAを実行する。

エ　Bの実行中にAに起動がかかると，Bを待ち状態にしてAを実行する。

サクッと正解

リアルタイムOSは，優先度の高いタスクが起動すると，実行中のタスクを中断して実行する。

イモヅル式解説

プリエンプティブなスケジューリングは，**リアルタイムOS**の機能により，実行中のタスクを中断して待ち状態にしたり，時間的な制約のある優先タスクを実行したりするなどの制御を行う方式である。AがBより優先度が高い場合，リアルタイムOSはAの実行中にBに起動がかかってもBを待ち状態にして，Aをそのまま実行する。逆に，Bの実行中にAに起動がかかると，Bを実行状態から**実行可能**状態にして，Aを実行することになる（**ウ**）。

タスク	コンピュータシステムが処理する仕事の最小単位。
ジョブ	ユーザがシステムに対して指示する仕事の単位。
スループット	システムが一定時間内に対応できる情報量や処理速度。
ラウンドロビン方式	各タスクにCPU時間を均等に割り当てる方式。

イモヅル復習問題 ➡ Q055

正解　ウ

でる度★★☆

Q 058

メモリリークの説明として，適切なものはどれか。

ア　OSやアプリケーションのバグなどが原因で，動作中に確保した主記憶が解放されないことであり，これが発生すると主記憶中の利用可能な部分が減少する。

イ　アプリケーションの同時実行数を増やした場合に，主記憶容量が不足し，処理時間のほとんどがページングに費やされ，スループットの極端な低下を招くことである。

ウ　実行時のプログラム領域の大きさに制限があるときに，必要になったモジュールを主記憶に取り込む手法である。

エ　主記憶で利用可能な空き領域の総量は足りているのに，主記憶中に不連続で散在しているので，大きなプログラムをロードする領域が確保できないことである。

サクッと正解

メモリリークは，動作中に確保した主記憶が解放されない状態。

イモヅル式解説

メモリリークは，OSやアプリケーションのバグなどが原因で，動作中に確保した主記憶が**解放**されず，確保したままの状態が続くことであり，発生すると主記憶中の利用可能な部分が**減少**する（**ア**）。

スラッシング	仮想記憶方式において，アプリケーションの同時実行数を増やした場合などに，主記憶の容量が不足し，処理時間のほとんどが内容の交換である**ページング**処理に費やされ，**スループット**〔➡**Q057**〕の極端な低下を招くこと（**イ**）。
オーバレイ方式	実行時のプログラム領域の大きさが，使用できるアドレス空間を超えるなどの制限があるときに，必要になったモジュールを主記憶に取り込む手法（**ウ**）。
フラグメンテーション	主記憶で利用可能な空き領域の総量は足りているのに，主記憶中に不連続で散在しているので，大きなプログラムをロードする領域を確保できない断片化のこと（**エ**）。

正解 **ア**

でる度★★★

Q 059

図のメモリマップで，セグメント2が解放されたとき，セグメントを移動（動的再配置）し，分散する空き領域を集めて一つの連続領域にしたい。1回のメモリアクセスは4バイト単位で行い，読取り，書込みがそれぞれ30ナノ秒とすると，動的再配置をするために必要なメモリアクセス時間は合計何ミリ秒か。ここで，1kバイトは1,000バイトとし，動的再配置に要する時間以外のオーバヘッドは考慮しないものとする。

セグメント2

セグメント1		セグメント3	空き
500kバイト	100kバイト	800kバイト	800kバイト

ア 1.5　**イ** 6.0　**ウ** 7.5　**エ** 12.0

サクッと正解

1バイトのアクセス回数に，読取り，書込みがそれぞれ30ナノ秒必要なので、800,000バイト÷4バイト×2回×30ナノ秒＝12ミリ秒

イモヅル式解説

セグメント2が解放されたとき，セグメント3をセグメント2の領域にずらし，空き領域を連続領域にする。

設問に「1回のメモリアクセスは4バイト単位」とあるので，セグメント3の800kバイトは「800,000バイト÷4バイト＝200,000回」になる。移動は，読取りと書込みの2回のメモリアクセスが必要なので，「200,000回×2＝400,000回」である。この回数に，1回の読取り，または書込みにかかる30ナノ秒を掛けて単位を揃えると，

400,000回×30ナノ秒＝12,000,000ナノ秒＝12ミリ秒

キロ（k）	10^3	メガ（M）	10^6	ギガ（G）	10^9	テラ（T）	10^{12}
ミリ（m）	10^{-3}	マイクロ（μ）	10^{-6}	ナノ（n）	10^{-9}	ピコ（p）	10^{-12}

正解 エ

Q■■■ 060

データ検索時に使用される，理想的なハッシュ法の説明として，適切なものはどれか。

ア　キーワード検索のヒット率を高めることを目的に作成した，一種の同義語・類義語リストを用いることによって，検索漏れを防ぐ技術である。

イ　蓄積されている膨大なデータを検索し，経営やマーケティングにとって必要な傾向，相関関係，パターンなどを導き出すための技術や手法である。

ウ　データとそれに対する処理を組み合わせたオブジェクトに，認識や判断の機能を加え，利用者の検索要求に対して，その意図を判断する高度な検索技術である。

エ　データを特定のアルゴリズムによって変換した値を格納アドレスとして用いる，高速でスケーラビリティの高いデータ検索技術である。

サクッと正解

ハッシュ法とは，データの変換値で格納アドレスを検索する技術。

イモヅル式解説

ハッシュ法は，格納するデータを特定のアルゴリズムによって変換した値を，格納するアドレスを示す添字（そえじ）として用いることで，高速で**スケーラビリティ**（拡張性）の高い**データ検索**を行う技術である（**エ**）。

シソーラス〈=thesaurus〉	キーワード検索のヒット率を高めることを目的に作成した，一種の同義語・類義語リストを用いて広く検索することで，漏れを防ぐ技術（**ア**）。
データマイニング	蓄積されている膨大なデータを検索し，分析することで，経営やマーケティングにとって必要な傾向，相関関係，パターンなどを導き出すための技術や手法（**イ**）。
セマンティック〈=semantic〉**検索**	データとそれに対する処理を組み合わせたオブジェクトに，認識や判断の機能を加え，利用者の検索要求に対して，その意図を判断する高度な検索技術（**ウ**）。

イモヅル復習問題 ➡ Q024

正解　**エ**

でる度★★★

Q061

バックアップ方式の説明のうち，増分バックアップはどれか。ここで，最初のバックアップでは，全てのファイルのバックアップを取得し，OSが管理しているファイル更新を示す情報はリセットされるものとする。

ア　最初のバックアップの後，ファイル更新を示す情報があるファイルだけをバックアップし，ファイル更新を示す情報は変更しないでそのまま残しておく。

イ　最初のバックアップの後，ファイル更新を示す情報にかかわらず，全てのファイルをバックアップし，ファイル更新を示す情報はリセットする。

ウ　直前に行ったバックアップの後，ファイル更新を示す情報があるファイルだけをバックアップし，ファイル更新を示す情報はリセットする。

エ　直前に行ったバックアップの後，ファイル更新を示す情報にかかわらず，全てのファイルをバックアップし，ファイル更新を示す情報は変更しないでそのまま残しておく。

サクッと正解

増分バックアップとは，更新ファイルだけをバックアップする方式。

イモヅル式解説

増分バックアップは，直前に行ったバックアップのあと，ファイル更新を示す情報があるファイルだけをバックアップし，ファイル更新を示す情報は**リセット**する方式（**ウ**）で，**インクリメンタルバックアップ**とも呼ばれる。

差分バックアップ	最初のバックアップのあと，ファイル更新を示す情報があるファイルだけをバックアップし，ファイル更新を示す情報は変更しないでそのまま残しておく方式（**ア**）。
フルバックアップ	最初や直前に行ったバックアップのあと，ファイル更新を示す情報にかかわらず，すべてのファイルをバックアップする方式（**イ**）（**エ**）。

正解　**ウ**

でる度 ★★☆

Q 062 **ソフトウェアのテストツールの説明のうち，静的テストを支援する静的解析ツールのものはどれか。**

ア　指定された条件のテストデータや，プログラムの入力ファイルを自動的に生成する。
イ　テストの実行結果を基に，命令の網羅率や分岐の網羅率を自動的に計測し，分析する。
ウ　プログラム中に文法上の誤りや論理的な誤りなどがあるかどうかを，ソースコードを分析して調べる。
エ　モジュールの呼出し回数や実行時間，実行文の実行回数などの，プログラム実行時の動作特性に関するデータを計測する。

サクッと正解

静的解析ツールは，ソースコードの分析など，プログラムを実行せずに調べる。

イモヅル式解説

静的テストは，プログラムを実行しない状態でソフトウェアを調べるテスト方法である。これに対し，プログラムを実行して調べるテスト方法を**動的テスト**と呼ぶ。

構文チェッカ（**文法チェッカ**）は，プログラム中に文法上の誤りや論理的な誤りなどがあるかどうかを，プログラムの実行結果ではなく，ソースコードを分析して調べる（**ウ**）**静的解析ツール**である。

そのほかの選択肢の内容も確認しておこう。

ア　指定された条件のテストデータや，プログラムの入力ファイルを自動的に生成する**環境設定ツール**は，**動的解析ツール**である。
イ　テストの実行結果をもとに，命令や分岐の網羅率を計測して分析する**カバレッジ**〈=Coverage〉**モニタ**は，動的解析ツールである。
エ　モジュールの呼出し回数や実行時間，実行文の実行回数などの，プログラム実行時の動作特性に関するデータを計測する**プロファイラ**〈=Profiler〉は，動的解析ツールである。

正解 **ウ**

コンピュータシステム　でる度★★★

Q063 **インタプリタの説明として，適切なものはどれか。**

ア　原始プログラムを，解釈しながら実行するプログラムである。
イ　原始プログラムを，推論しながら翻訳するプログラムである。
ウ　原始プログラムを，目的プログラムに翻訳するプログラムである。
エ　実行可能なプログラムを，主記憶装置にロードするプログラムである。

サクッと正解

インタプリタとは，原始プログラムを1文ずつ解釈しながら実行するプログラムのこと。

イモヅル式解説

インタプリタ〈=interpreter〉は，人間の言語に近い高水準言語で記述された原始プログラム（**ソースコード**）を，1文ずつ解釈して**機械語**に翻訳して実行する言語処理のプログラムである（**ア**）。

トランスレータ〈=translator〉	原始プログラムを，推論しながら異なる処理系用の形式に翻訳するプログラム（**イ**）。
コンパイラ〈=compiler〉	原始プログラムを，機械語である目的プログラムに一括して翻訳するプログラム（**ウ**）。
ローダ〈=loader〉	実行可能なプログラムを，外部から受け取って主記憶装置にロード（配置）するプログラム（**エ**）。
リンカ〈=linker〉	目的モジュールなどを組み合わせ，1つのロードモジュールを作成するプログラム。
ジェネレータ〈=generator〉	入力，処理，出力などの必要な条件をパラメータで指示し，目的に応じたプログラムを生成する仕組み。
デバッガ〈=debugger〉	プログラムの実行を監視し，ステップごとの実行結果を記録するプログラム。

正解　**ア**

Q064 **OSIによるオープンソースソフトウェアの定義に従うときのオープンソースソフトウェアに対する取扱いとして，適切なものはどれか。**

ア　ある特定の業界向けに作成されたオープンソースソフトウェアは，ソースコードを公開する範囲をその業界に限定することができる。

イ　オープンソースソフトウェアを改変して再配布する場合，元のソフトウェアと同じ配布条件となるように，同じライセンスを適用して配布する必要がある。

ウ　オープンソースソフトウェアを第三者が製品として再配布する場合，オープンソースソフトウェアの開発者は第三者に対してライセンス費を請求することができる。

エ　社内での利用などのようにオープンソースソフトウェアを改変しても再配布しない場合，改変部分のソースコードを公開しなくてもよい。

サクッと正解

オープンソースソフトウェアを再配布しない場合，ソースコードを公開する必要はない。

イモヅル式解説

オープンソースの促進を目的とする組織である**OSI**〈=Open Source Initiative〉による**オープンソースソフトウェア**の定義に従うと，オープンソースソフトウェアを改変して再配布するときは，ソースコードの公開が必要である。再配布しない場合は公開する必要がない（**エ**）。

ア　個人やグループなどに対する差別の禁止が挙げられており，ソースコードの公開範囲を業界に限定することは適切ではない。

イ　オープンソースソフトウェアを改変した派生ソフトウェアは，元のソフトウェアと同じライセンス下で頒布することを許可しなければならないが，同じライセンスの適用までは求めていない。

ウ　オープンソースソフトウェアの販売や無料頒布などは制限できないので，ライセンス費を請求することは適切ではない。

正解　**エ**

コンピュータシステム　でる度★★☆

Q065

ソフトウェアの統合開発環境として提供されているOSSはどれか。

ア Apache Tomcat
イ Eclipse
ウ GCC
エ Linux

サクッと正解

ソフトウェアの統合開発環境として提供されているOSSの1つは，**Eclipse**である。

イモヅル式解説

Eclipse（**イ**）は，Java言語などのプログラム言語に対応する**オープンソース**の統合開発環境であり，アプリケーション開発のためのソフトウェア及び支援ツール類をまとめた**オープンソースソフトウェア**〈=**OSS**〉〔➡**Q064**〕である。

代表的なOSSをまとめて覚えよう。

Apache Tomcat（**ア**）	Javaサーブレットを実行できるアプリケーションサーバ。
Apache Hadoop	大規模データの分散処理を実現するミドルウェア。
Apach OpenOffice	Microsoft Officeと互換性があるオフィスソフト。
GCC〈=**GNU C Compiler**〉（**ウ**）	複数のプログラム言語に対応するコンパイラ（変換プログラム）。
Linux（**エ**）	Unix系のOS。**Ubuntu**などのディストリビューションも有名。
MySQL	広く普及している関連データベース管理システム。
Firefox	Mozilla Foundationが開発するWebブラウザ。
WordPress	Webサイト構築のための**CMS**〈=**Contents Management System**〉。

イモヅル復習問題 ➡ **Q064**

正解　イ

でる度★☆☆

Q 066

GUIの部品の一つであるラジオボタンの用途として，適切なものはどれか。

ア　幾つかの項目について，それぞれの項目を選択するかどうかを指定する。

イ　幾つかの選択項目から一つを選ぶときに，選択項目にないものはテキストボックスに入力する。

ウ　互いに排他的な幾つかの選択項目から一つを選ぶ。

エ　特定の項目を選択することによって表示される一覧形式の項目の中から一つを選ぶ。

サクッと正解

ラジオボタンは，互いに排他的ないくつかの選択項目から1つを選ぶGUIである。

イモヅル式解説

GUI〈=Graphical User Interface〉は，文字ではなく，アイコンなどの画像でコンピュータを操作する**ユーザインタフェース**である。

代表的なユーザインタフェースをまとめて覚えよう。

ラジオボタン	○ITパスポート ◉基本情報技術者 ○応用情報技術者	排他的な複数の項目から1つだけ選択できる（**ウ**）。
チェックボックス	☑テクノロジ系 ☑マネジメント系 ☐ストラテジ系	複数の項目を選択できる（**ア**）。
コンボボックス	会社員 公務員 自営業 会社役員 学生 パート・アルバイト 無職	複数の項目から1つを選択でき，項目にないものはテキストボックスに入力できる（**イ**）。
リストボックス	北海道 青森県 岩手県 宮城県	一覧形式の項目の中から1つを選択できる（**エ**）。

正解　**ウ**

でる度 ★★☆

Q 067 コードから商品の内容が容易に分かるようにしたいとき，どのコード体系を選択するのが適切か。

ア 区分コード
イ 桁別コード
ウ 表意コード
エ 連番コード

サクッと正解

内容を連想できるようにしたコード体系は，**表意コード**である。

イモヅル式解説

表意コード（ウ）は，コードの文字や値が意味や内容などを示しているコードで，**ニーモニックコード**〈=Mnemonic Code〉とも呼ばれる。ITパスポート試験をIP，基本情報技術者試験をFEと記すのも表意コードである。人間が内容を認識しやすいというメリットがある反面，**データ量**が大きくなりやすいというデメリットがある。

そのほかの選択肢の主なコード体系をまとめて覚えよう。

- **区分コード**（ア）は，分類を数値で区別するコード体系。分類コードやブロックコードなどとも呼ばれる。たとえば，図書分類コードでは，社会科学は300番台，自然科学は400番台，技術・工学・工業は500番台から始まる。
- **桁別コード**（イ）は，各桁の文字や数値で分類がわかるコード体系。たとえば，国際標準図書番号（ISBN）は，「国記号＋出版者記号＋書名記号＋チェック数字」で構成されている。
- **連番コード**（エ）は，連続した数字を1つずつ割り振っていくコード体系。シーケンスコードや順番コードとも呼ばれる。たとえば，1, 2, 3，……，99，100，101……，999，など。

正解 ウ

Q068 次のような注文データが入力されたとき，**注文日が入力日以前の営業日か**どうかを検査するために行うチェックはどれか。

注文データ

伝票番号（文字）	注文日（文字）	商品コード（文字）	数量（数値）	顧客コード（文字）

ア　シーケンスチェック　**イ**　重複チェック
ウ　フォーマットチェック　**エ**　論理チェック

サクッと正解

値に矛盾がないかを検証するのは，**論理チェック**である。

イモヅル式解説

論理チェック（**妥当性チェック**）（エ）は，注文日が入力日よりも前の日付になっているか，販売数と在庫数と仕入数の関係に矛盾がないかなど，関連する項目のデータの整合性がとれているか，論理的に正しいデータであるかを調べるチェックである。

代表的なチェックの内容をまとめて覚えよう。

シーケンスチェック（ア）	データが正しい順番になっているかを調べる。
重複チェック（イ）	同じ値のデータが存在するかを調べる。
フォーマットチェック（ウ）	データの書式や形式などが規定どおりかを調べる。
ニューメリックチェック	数値として扱う必要のあるデータに，数値として扱えない文字などが含まれていないかを調べる。

ちょっと深掘り **チェックディジット**

チェックディジットとは，一定の規則に従ってデータから検査文字を算出し，付加されている検査文字と比較することにより，入力データに誤りがないかをチェックするための文字のこと。

正解 エ

でる度★☆☆

Q069

H.264/MPEG-4 AVCの説明として，適切なものはどれか。

ア 5.1チャンネルサラウンドシステムで使用されている音声圧縮技術
イ 携帯電話で使用されている音声圧縮技術
ウ ディジタルカメラで使用されている静止画圧縮技術
エ ワンセグ放送で使用されている動画圧縮技術

サクッと正解

H.264/MPEG-4 AVCとは，ワンセグ放送で使用されている動画圧縮技術のこと。

イモヅル式解説

H.264/MPEG-4 AVC〈=Advanced Video Coding〉は，動画圧縮の規格の1つ。**ワンセグ放送**などの低ビットレート用途で使用されている動画圧縮技術である（**エ**）。

そのほかの選択肢の圧縮技術も確認しておこう。

ドルビーディジタル	5.1チャンネルサラウンドシステムなどで使用されている音声圧縮技術（**ア**）。
AMR 〈=Adaptive Multi-Rate〉	携帯電話で使用されている音声に特化した圧縮技術（**イ**）。EVS〈=Enhanced Voice Services〉などの音声符号化方式もある。
JPEG〈=Joint Photographic Experts Group〉	ディジタルカメラなどで使用されている静止画圧縮技術（**ウ**）。非可逆圧縮方式でフルカラーの画像フォーマットとして普及している。

ちょっと深堀り EPG

EPG〈=Electronic Program Guide〉とは，テレビなどの画面に放送番組表を表示できる電子番組ガイドのこと。多くのディジタル放送では、放送局ごとに標準規格が定められており、リアルタイムに電子番組表を送信できる。

正解 **エ**

でる度★★★

Q 070

3次元グラフィックス処理における<u>クリッピング</u>の説明はどれか。

ア　CG映像作成における最終段階として，物体のデータをディスプレイに描画できるように映像化する処理である。

イ　画像表示領域にウィンドウを定義し，ウィンドウの外側を除去し，内側の見える部分だけを取り出す処理である。

ウ　スクリーンの画素数が有限であるために図形の境界近くに生じる，階段状のギザギザを目立たなくする処理である。

エ　立体感を生じさせるため，物体の表面に陰影を付ける処理である。

サクッと正解

クリッピングは，ウィンドウの外側を除去して内側を取り出す処理。

イモヅル式解説

クリッピングは，画像表示領域に定義したウィンドウの外部のデータを切り取って表示や計算などの処理対象から外し，領域内部にあるデータだけを取り出す処理である（**イ**）。

レンダリング	CG映像作成における最終段階として，物体のデータをディスプレイに描画できるように映像化する処理（**ア**）。
アンチエイリアシング	スクリーンの画素数が有限なので，図形の境界近くに生じる，階段状のギザギザを目立たなくする処理（**ウ**）。
シェーディング	3次元コンピュータグラフィックスに明暗のコントラストによって立体感を生じさせるため，物体表面に陰影を付ける処理（**エ**）。
テクスチャマッピング	物体の表面に画像を貼り付けることにより，表面の質感を表現する技法。
レイトレーシング	光線などを追跡し，反射や屈折，透過をシミュレートしていく技法。
ポリゴン	閉じた立体となる多面体を構成したり，2次曲面や自由曲面を近似するのに用いられたりする基本的な要素。

正解　**イ**

でる度★★★

Q071

音声のサンプリングを1秒間に11,000回行い，サンプリングした値をそれぞれ8ビットのデータとして記録する。このとき，512×10^6バイトの容量をもつフラッシュメモリに記録できる音声の長さは，最大何分か。

ア 77
イ 96
ウ 775
エ 969

サクッと正解

フラッシュメモリの容量を1分間のデータ量で割ればよい。
フラッシュメモリ512Mバイト÷1分間のデータ量0.66Mバイト
＝約775分

イモヅル式解説

サンプリング〔➡Q022〕とは，音声のような連続したアナログの信号をディジタルの信号に変換するときに，一定の時間ごとに分割して測定することである。

音声のサンプリングを1秒間に11,000回行うということは，1秒間に11,000回のデータを得るということである。このサンプリングした値は，1つが8ビットのデータとして記録されるので，1秒間のデータ量は**11,000回×8ビット**となる。

この単位をバイトに換算すると，1バイト＝8ビットなので，**11,000バイト**となり，1秒間のデータ量を1分間のデータ量に換算すると，11,000バイト×60秒＝**66,000バイト**（**0.66Mバイト**）となる。

フラッシュメモリの容量は512×10^6バイト（512Mバイト）なので，記録できる音声の長さは**512**Mバイト÷**0.66**Mバイト＝**約775分**となる。

イモヅル復習問題 ➡ Q022

正解 ウ

でる度★★★

Q072

AR（Augmented Reality）の説明として，最も適切なものはどれか。

ア　過去に録画された映像を視聴することによって，その時代のその場所にいたかのような感覚が得られる。

イ　実際に目の前にある現実の映像の一部にコンピュータを使って仮想の情報を付加することによって，拡張された現実の環境が体感できる。

ウ　人にとって自然な3次元の仮想空間を構成し，自分の動作に合わせて仮想空間も変化することによって，その場所にいるかのような感覚が得られる。

エ　ヘッドマウントディスプレイなどの機器を利用し人の五感に働きかけることによって，実際には存在しない場所や世界を，あたかも現実のように体感できる。

サクッと正解

ARは，拡張された現実の環境が体感できる仕組みである。

イモヅル式解説

AR〈=Augmented Reality；拡張現実〉は，実際に目の前にある現実の映像の一部にコンピュータを使って仮想の情報を付加することで，拡張された現実の環境が体感できる仕組みである（**イ**）。

VR〈=Virtual Reality；仮想現実〉は，**ヘッドマウントディスプレイ**などの機器を利用し，人の五感に働きかけることで，人にとって自然な3次元の仮想空間を構成し，自分の動作に合わせて仮想空間も変化することにより，その場所にいるかのような感覚が得られる仕組みである（**ウ**）（**エ**）。

SR〈=Substitutional Reality；代替現実〉は，過去に録画された映像を，聴覚や触覚などを組み合わせて視聴することで，その時代のその場所にいたかのような感覚が得られる仕組みである（**ア**）。

正解　**イ**

画像提供：iStock.com/NicoElNino

 でる度★★★

Q073

UMLを用いて表した図の概念データモデルの解釈として，適切なものはどれか。

部署	◀所属する	従業員
1..＊		0..＊

ア 従業員の総数と部署の総数は一致する。
イ 従業員は，同時に複数の部署に所属してもよい。
ウ 従業員が所属していない部署の存在は許されない。
エ どの部署にも所属していない従業員が存在してもよい。

サクッと正解

概念データモデルでは，従業員の所属する部署は「1以上」なので，同時に複数の部署に所属してもよい。

イモヅル式解説

UML〈=Unified Modeling Language〉は，業務プロセスのモデリング表記法として用いられ，複数のモデル図法を体系化したものである。「0..n」は「**0以上n個**」，「0..＊」は「**0以上**」という意味である。同様に「1..＊」は「**1以上**」という意味である。

設問の図は，部署が「0人以上」（誰もいなくてもよい）の従業員に所属されていること，従業員が「1つ以上」の部署に所属していること，という意味を表現している。

従業員から見た所属する部署の数は「1以上」なので，1人の従業員が同時に複数の部署に所属してもよい（**イ**）ことになる。

正解 **イ**

Q 074

データ項目の命名規約を設ける場合，次の命名規約だけでは回避できない事象はどれか。

〔命名規約〕(1) データ項目名の末尾には必ず“名”，“コード”，“数”，“金額”，“年月日”などの区分語を付与し，区分語ごとに定めたデータ型にする。

(2) データ項目名と意味を登録した辞書を作成し，異音同義語や同音異義語が発生しないようにする。

ア データ項目“受信年月日”のデータ型として，日付型と文字列型が混在する。

イ データ項目“受注金額”の取り得る値の範囲がテーブルによって異なる。

ウ データ項目“賞与金額”と同じ意味で“ボーナス金額”というデータ項目がある。

エ データ項目“取引先”が，“取引先コード”か“取引先名”か，判別できない。

サクッと正解

回避できない事象は，命名規約に記載がない「取り得る値の範囲」。

イモヅル式解説

命名規約（1）に「区分語ごとに定めたデータ型にする」とあるので，データ項目“受信年月日”は，**日付型に限定**され，文字列型が混在する（ア）ことはない。**値の範囲**は命名規約に記載がないため，命名規約（2）で異音同義語や同音異義語が発生しないようにしても，取り得る値の範囲がテーブルによって異なる（イ）ことは回避できない。

命名規約（2）に「データ項目名と意味を登録した辞書を作成し，異音同義語や同音異義語が発生しないようにする」とあるので，“**賞与金額**”と同じ意味の“**ボーナス金額**”が混在する（ウ）ことはない。

命名規約（1）で「データ項目名の末尾には必ず“名”，“コード”，“数”，“金額”，“年月日”などの区分語を付与」しているので，“**取引先コード**”か“**取引先名**”か，判別できない（エ）ことはない。

正解 イ

技術要素

でる度 ★★★

Q075 **ビッグデータの処理で使われるキーバリューストアの説明として，適切なものはどれか。**

ア　“ノード”，“リレーションシップ”，“プロパティ”の3要素によってノード間の関係性を表現する。

イ　1件分のデータを“ドキュメント”と呼び，個々のドキュメントのデータ構造は自由であって，データを追加する都度変えることができる。

ウ　集合論に基づいて，行と列から成る2次元の表で表現する。

エ　任意の保存したいデータと，そのデータを一意に識別できる値を組みとして保存する。

サクッと正解

キーバリューストアとは，保存したいデータと，そのデータを一意に識別できる値を組みとして保存する仕組みのこと。

イモヅル式解説

キーバリューストア〈=Key-Value Store〉は，キー（Key）と値（Value）を組み合わせ（**エ**），1つのキーに様々な形式のデータを対応付けて管理する構造である。そのほかの選択肢の内容も確認しておこう。

グラフ型データベース	「ノード」「リレーションシップ」「プロパティ」の3要素でノード間の関係性を表現するデータベース（**ア**）。
ドキュメント指向データベース	1件分のデータを「ドキュメント」と呼び，個々のドキュメントのデータ構造は自由で，データを追加するたびに変えることができるデータベース（**イ**）。
関係データベース	リレーショナルデータベースとも呼ばれ，行と列から成る2次元の表で表現するデータベース（**ウ**）。

ちょっと深堀り **分散データベースの透過性**

クライアントのアプリケーションプログラムは，複数のサーバ上のデータベースにアクセスするが，データベースが1つのサーバ上で稼働しているかのようにアクセスできる分散データベースの特徴が，透過性である。

正解 **エ**

でる度★★★

Q 076 **関係モデルにおいて，関係から特定の属性だけを取り出す演算はどれか。**

ア　結合（join）　　イ　射影（projection）
ウ　選択（selection）　　エ　和（union）

サクッと正解

表から特定の属性だけを取り出す演算は，**射影**である。

イモヅル式解説

設問の「関係」とは**関係データベース**〔➡Q075〕の表のことで，「属性」とは列のことである。関係モデルにおいて，関係から特定の属性だけ（表から特定の列だけ）を取り出す演算は，**射影**（projection）（**イ**）である。関係データベースの理論である関係モデルにおける操作をまとめて覚えよう。

操作	図	説明
結合（join）（ア）	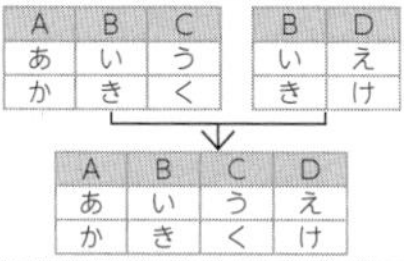 表1: A B C / あ い う / か き く ＋ 表2: B D / い え / き け → A B C D / あ い う え / か き く け	複数の表を，共通の列の値をキーとして1つの表にする操作。
射影（projection）（イ）	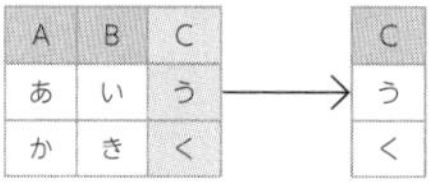 A B C / あ い う / か き く → C / う / く	表から特定の属性（列）を取り出す操作。
選択（selection）（ウ）	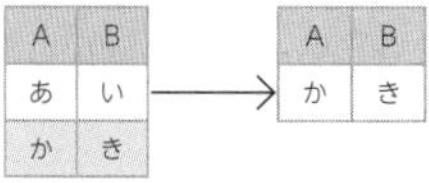 A B / あ い / か き → A B / か き	表から特定のレコード（行）を取り出す操作。
和（union）（エ）	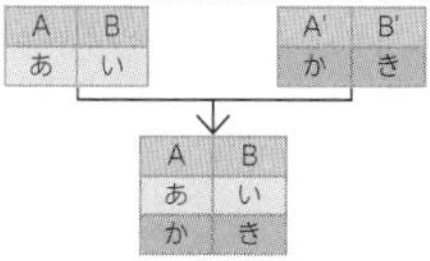 表1: A B / あ い ＋ 表2: A' B' / か き → A B / あ い / か き	同じ属性をもつ2つの表の行を足して1つにする操作。

イモヅル復習問題 ➡Q075

正解　イ

 でる度★★☆

Q077

“得点”表から，学生ごとに全科目の点数の平均を算出し，平均が80点以上の学生の学生番号とその平均点を求める。aに入れる適切な字句はどれか。ここで，実線の下線は主キーを表す。

得点（学生番号，科目，点数）

〔SQL文〕

```
SELECT 学生番号，AVG（点数）
FROM 得点
GROUP BY [ a ]
```

ア 科目 HAVING AVG（点数）＞＝80
イ 科目 WHERE 点数＞＝80
ウ 学生番号 HAVING AVG（点数）＞＝80
エ 学生番号 WHERE 点数＞＝80

サクッと正解

aは，学生番号の列を絞り込むための「HAVING AVG（点数）＞＝80」の字句が入る。

イモヅル式解説

SQL文の1行目と2行目は，「表から学生番号とAVG（点数）の列を取り出す」という意味である。3行目の**GROUP BY句**には，**SELECT句**にある列を記述するので「学生番号」が入る。科目の列（ア）（イ）は誤り。

設問に「平均が80点以上の学生の学生番号とその平均点を求める」とあるので，グループ化した結果を絞り込む**HAVING句**を使って「HAVING AVG（点数）＞＝80」（ウ）として条件を記述する。

SQL文の評価は**WHERE句**が先で，**GROUP BY句**はあとに行われる。GROUP BY句でグループ化した結果にWHERE句による条件指定（イ）（エ）を追加できない。

なお，並べ替える場合には，**ORDER BY句**を用いる。

正解 ウ

でる度★★★

Q078

データベースの更新前や更新後の値を書き出して，データベースの更新記録として保存するファイルはどれか。

ア ダンプファイル
イ チェックポイントファイル
ウ バックアップファイル
エ ログファイル

サクッと正解

更新前後の値をデータベース更新の記録として保存するファイルは，**ログファイル**である。

イモヅル式解説

ログファイル（エ）は，データベースの更新前や更新後の値を書き出し，データベースの更新記録として保存しておくファイルである。**ジャーナルファイル**とも呼ばれる。

そのほかの選択肢もまとめて覚えよう。

ダンプファイル（ア）	データベースや主記憶の内容，レジスタの状態を書き出したファイル。
チェックポイントファイル（イ）	障害からの復旧操作に用いる特定の時点でのデータベースの状態を保存したファイル。
バックアップファイル（ウ）	障害からの復旧操作に用いるために複製したファイル。

ちょっと深堀り ロールバックとロールフォワード

ロールバックとは，更新前のファイルを用いてトランザクション〔➡Q079〕を開始する直前の状態に戻す処理のこと。ロールフォワードは，更新後のファイルを用いて障害発生の直前の状態を再現しようとする処理である。

正解 **エ**

でる度 ★★★

Q 079

一つのトランザクションはトランザクションを開始した後，五つの状態（アクティブ，アボート処理中，アボート済，コミット処理中，コミット済）を取り得るものとする。このとき，取ることのない状態遷移はどれか。

	遷移前の状態	遷移後の状態
ア	アボート処理中	アボート済
イ	アボート処理中	コミット処理中
ウ	コミット処理中	アボート処理中
エ	コミット処理中	コミット済

サクッと正解

状態遷移で，アボート処理中からコミット処理中には遷移しない。

イモヅル式解説

トランザクションは一体不可分の処理単位である。設問にあるアクティブ，アボート，コミットの意味は下表のとおりである。

トランザクション	コンピュータシステムで行われる1まとまりの処理
アクティブ	トランザクションの処理中の状態
アボート	トランザクションの途中で強制的に処理を中断して戻す処理
コミット	トランザクションの処理が終了して結果を確定させる処理

これを踏まえて各選択肢を検討する。

- アボート処理が終了すると，アボート済（**ア**）に遷移する。
- コミット処理が完了できないときは，アボート処理中（**ウ**）に遷移する。
- コミット処理が完了すると，コミット済（**エ**）に遷移する。
- コミット処理中からアボート処理中に遷移する場合はあるが，アボート処理中からコミット処理中（**イ**）に遷移することはない。

正解 **イ**

Q080

2相ロッキングプロトコルに従ってロックを獲得するトランザクションA，Bを図のように同時実行した場合に，デッドロックが発生しないデータ処理順序はどれか。ここで，readとupdateの位置は，アプリケーションプログラムでの命令発行時点を表す。また，データWへのreadは共有ロックを要求し，データX，Y，Zへのupdateは各データへの専有ロックを要求する。

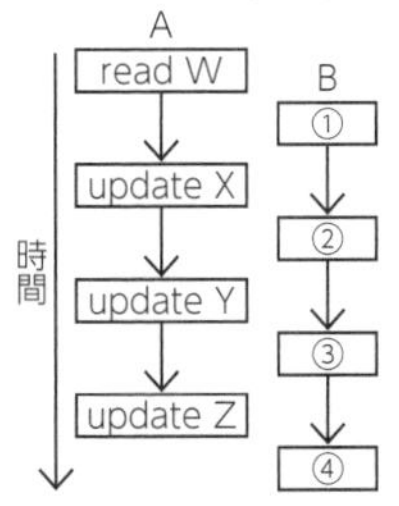

	①	②	③	④
ア	read W	update Y	update X	update Z
イ	read W	update Y	update Z	update X
ウ	update X	read W	update Y	update Z
エ	update Y	update Z	update X	read W

サクッと正解

ウをトレースすると**デッドロック**が発生しないことがわかる。

イモヅル式解説

2相ロッキングプロトコルは，トランザクション〔➡Q079〕の実行前にロックをかけ，実行後に解放する方式である。デッドロックは，複数のトランザクションが同じ資源を使用するために互いのロック解除を待っている状態である。共有ロックは，読取り（read）は許可するが、更新（update）は許可しないロック，専有ロックは，読取りも更新も許可しない排他的なロックである。

ウは，Aのupdate Xの待機はあるが，デッドロックは発生しない。**ア**は，AがB③のupdate Xの終了を待ち，B②がAのupdate Yの終了を待って，AとBの双方が待機してデッドロックが発生する。同様に，**イ**と**エ**でもupdate Xのときとupdate Yのときにデッドロックが発生する。なお，共有ロックであるWへのreadはデッドロックにならない。

イモヅル復習問題 ➡Q079

正解 **ウ**

でる度★★★

Q 081

LANに接続されている複数のPCをインターネットに接続するシステムがあり，装置AのWAN側インタフェースには1個のグローバルIPアドレスが割り当てられている。この1個のグローバルIPアドレスを使って複数のPCがインターネットを利用するのに必要な装置Aの機能はどれか。

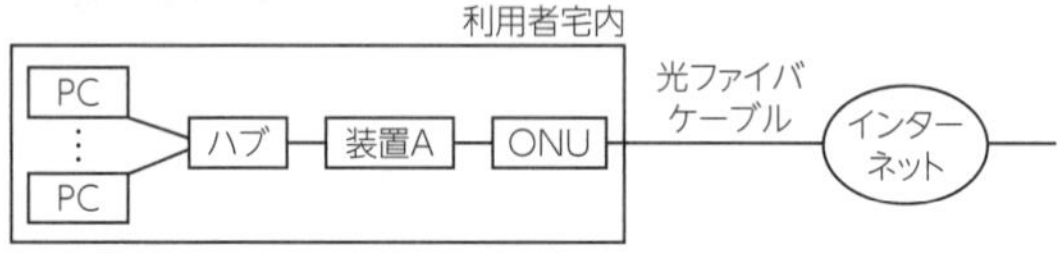

ア DHCP　　**イ** NAPT（IPマスカレード）
ウ PPPoE　　**エ** パケットフィルタリング

サクッと正解

1個のグローバルIPアドレスで複数のPCがインターネットを利用できる機能は，**NAPT**である。

イモヅル式解説

NAPT〈=Network Address Port Translation；IPマスカレード〉（**イ**）は，プライベートIPアドレスを**グローバルIPアドレス**に変換することで，プライベートIPアドレスをもつ複数の端末が1つのグローバルIPアドレスを使ってインターネット接続を実現する機能である。そのほかの選択肢もまとめて覚えよう。

DHCP〈=Dynamic Host Configuration Protocol〉（**ア**）〔➡**Q095**〕	**TCP/IP**〔➡**Q094**〕ネットワークにおいてIPアドレスを動的に割り当てるプロトコル。
PPPoE〈=Point-to-Point Protocol over Ethernet〉（**ウ**）	LANに接続されているPCから接続先を探してダイヤルアップ接続を実現するプロトコル。
パケットフィルタリング（**エ**）	特定の端末宛てのIPパケットだけを通過させるファイアウォールやルータ〔➡**Q084**〕などの制御機能。

正解 **イ**

でる度★★★

Q082

CSMA/CD方式のLANに接続されたノードの送信動作として，適切なものはどれか。

ア　各ノードに論理的な順位付けを行い，送信権を順次受け渡し，これを受け取ったノードだけが送信を行う。

イ　各ノードは伝送媒体が使用中かどうかを調べ，使用中でなければ送信を行う。衝突を検出したらランダムな時間の経過後に再度送信を行う。

ウ　各ノードを環状に接続して，送信権を制御するための特殊なフレームを巡回させ，これを受け取ったノードだけが送信を行う。

エ　タイムスロットを割り当てられたノードだけが送信を行う。

サクッと正解

CSMA/CD方式は，伝送媒体が空いていれば送信，衝突すれば再送信する方式である。

イモヅル式解説

CSMA/CD〈=Carrier Sense Multiple Access with Collision Detection〉**方式**では，ネットワークを構成する機器である各ノードは，伝送媒体が使用中かどうかを調べ，使用中でなければ送信を行う。衝突を検出したら，ランダムな時間の経過後に再度送信を行う方式である（**イ**）。

優先度制御方式	各ノードに論理的な順位付けを行い，送信権を順次受け渡し，これを受け取ったノードだけが送信を行う方式（**ア**）。
トークンパッシング方式	各ノードを環状に接続し，送信権を制御するための特殊なフレームを巡回させ，これを受け取ったノードだけが送信を行う方式（**ウ**）。
TDMA〈=Time Division Multiple Access〉**方式**	**タイムスロット**を割り当てられたノードだけが送信を行う時分割多元接続方式（**エ**）。
CSMA/CA〈=Carrier Sense Multiple Access/Collision Avoidance〉	無線LAN規格で，基本的な通信手順の取り決め（**通信プロトコル**）として使われている方式。

正解　**イ**

Q 083

OSI基本参照モデルのトランスポート層以上が異なるLANシステム相互間でプロトコル変換を行う機器はどれか。

ア　ゲートウェイ
イ　ブリッジ
ウ　リピータ
エ　ルータ

サクッと正解

トランスポート層以上が異なるLANシステム間で相互のプロトコル変換を行う機器は，**ゲートウェイ**である。

イモヅル式解説

ゲートウェイ（ア）は，OSI基本参照モデルのトランスポート層以上が異なり，互いに直接通信できないLANシステム相互間などのネットワークで，プロトコル変換を行うことによって通信を可能にする機能をもつ機器である。

LANの中継や接続を行う機器をまとめて覚えよう。

ブリッジ（イ）	データリンク層において，通過するパケットのMACアドレス〔➡Q093〕などを参照して通信を中継する装置。
リピータ（ウ）	物理層において，伝送距離を延長するために伝送路の途中でデータの信号波形を増幅・整形し，中継を行う装置。
ルータ（エ）〔➡Q084〕	ネットワーク層において，ネットワークを接続し，通過するパケットのIPアドレスを参照して最適な経路に中継する装置。
スイッチングハブ（レイヤ2スイッチ）	データリンク層で接続するブリッジと集線装置のハブの機能をもつ装置。MACアドレステーブルを利用することにより，必要なLANポートにデータを流す。

正解　ア

でる度★★★

Q084

二つのLANセグメントを接続する装置Aの機能をTCP/IPの階層モデルで表すと図のようになる。この装置Aはどれか。

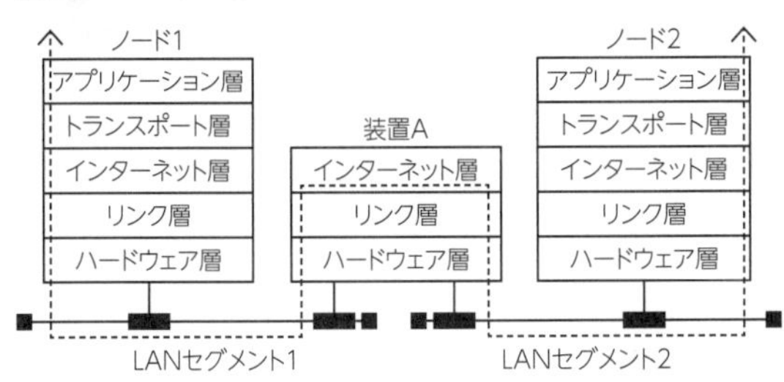

ア スイッチングハブ　**イ** ブリッジ
ウ リピータハブ　**エ** ルータ

サクッと正解

TCP/IP階層モデルのインターネット層，OSI基本参照モデルのネットワーク層で接続する装置は，**ルータ**である。

イモヅル式解説

ルータ（**エ**）は，TCP/IP階層モデルの**インターネット層**，OSI基本参照モデルの**ネットワーク層**で接続し，通過するパケットのIPアドレスにより，パケットを最適な経路に中継する通信装置である。

そのほかの選択肢もまとめて覚えよう。

スイッチングハブ （**ア**）〔➡**Q083**〕	データリンク層で接続するブリッジと集線装置のハブの機能をもつ装置。
ブリッジ （**イ**）〔➡**Q083**〕	TCP/IP階層モデルのリンク層，OSI基本参照モデルのデータリンク層で接続する装置。
リピータハブ （**ウ**）〔➡**Q085**〕	TCP/IP階層モデルのハードウェア層，OSI基本参照モデルの物理層で接続し，伝送中の電気信号を増幅する装置。

イモヅル復習問題 ➡ **Q083**

正解 **エ**

でる度★★☆

Q085

メディアコンバータ，リピータハブ，レイヤ2スイッチ，レイヤ3スイッチのうち，レイヤ3スイッチだけがもつ機能はどれか。

ア　データリンク層において，宛先アドレスに従って適切なLANポートにパケットを中継する機能
イ　ネットワーク層において，宛先アドレスに従って適切なLANポートにパケットを中継する機能
ウ　物理層において，異なる伝送媒体を接続し，信号を相互に変換する機能
エ　物理層において，入力信号を全てのLANポートに対して中継する機能

サクッと正解

レイヤ3スイッチは，ネットワーク層においてパケットを中継する装置である。

イモヅル式解説

レイヤ3スイッチは，OSI基本参照モデルの第3層であるネットワーク層において，ルータ〔➡Q084〕の宛先IPアドレスに従って適切なLANポートに**パケット**を中継する機能（**イ**）をもつ装置である。そのほかの選択肢の機能も確認しておこう。

レイヤ2スイッチ〔➡Q083〕	**CSMA/CD方式**〔➡Q082〕のLANで使用されるデータリンク層で，宛先アドレスに従って適切なLANポートにパケットを中継する（**ア**）。フレームの蓄積，速度変換，交換などの機能をもつ。
メディアコンバータ	物理層において，ケーブルの種類などが異なり直接接続できない伝送媒体を，信号を相互に変換して接続できるようにする機能をもつ（**ウ**）。
リピータハブ	物理層において，入力信号をすべてのLANポートに対して中継する（**ブロードキャスト**）機能をもつ（**エ**）。

イモヅル復習問題 ➡ **Q082，Q083，Q084**

正解 **イ**

でる度★★☆

Q 086

符号化速度が192kビット／秒の音声データ2.4Mバイトを，通信速度が128kビット／秒のネットワークを用いてダウンロードしながら途切れることなく再生するためには，再生開始前のデータのバッファリング時間として最低何秒間が必要か。

ア 50　**イ** 100　**ウ** 150　**エ** 250

サクッと正解

ダウンロードにかかる時間150秒－再生に必要な時間100秒
＝バッファリング時間50秒

イモヅル式解説

符号化は，一定の規則に従って信号をディジタルデータなどに変換する作業である。

まず，設問の「192kビット／秒の音声データ」の符号化速度の単位をビットからバイトに変換すると，1バイト＝**8**ビットなので，

192kビット／秒÷**8**ビット＝**24**kバイト／秒

次に，音声データの容量「2.4Mバイト」を符号化速度で割って**再生に必要な時間**を計算すると，2.4Mは**2,400**kなので，

2,400kバイト／秒÷24kバイト＝**100**秒

音声データの容量を通信速度で割って**ダウンロードにかかる時間**を計算すると，「通信速度が128kビット／秒」は**16**kバイト／秒なので，

2,400kバイト÷**16**kバイト／秒＝**150**秒

ダウンロードにかかる時間が再生する時間より長いと音声が途切れてしまうので，あらかじめ音声データを一時的に**バッファ**に蓄積するバッファリングをしておく必要がある。次の計算でバッファリング時間を算出する。

ダウンロードにかかる時間150秒－**再生に必要な時間100秒**
＝バッファリング時間50秒

正解 **ア**

でる度★★★

Q 087

10Mビット／秒の回線で接続された端末間で，平均1Mバイトのファイルを，10秒ごとに転送するときの回線利用率は何%か。ここで，ファイル転送時には，転送量の20%が制御情報として付加されるものとし，1Mビット＝10^6ビットとする。

ア 1.2
イ 6.4
ウ 8.0
エ 9.6

サクッと正解

回線利用率は，1秒あたりの転送量を回線速度で割ればよい。
1秒あたりの転送量0.12Mバイト÷1秒あたりの回線速度1.25Mバイト＝9.6%

イモヅル式解説

1秒間に転送できるファイルの容量を制御情報も含めて算出し，1秒あたりの回線速度で割れば，回線利用率がわかる。設問の数字をあてはめると次のようになる。

①ファイルの大きさ
平均1Mバイト＋20%の制御情報（0.2）＝**1.2**Mバイト

②1秒あたりの転送量
1.2Mバイト÷**10秒**＝**0.12**Mバイト

③回線速度の単位を変換
10Mビット／秒÷**8**＝**1.25**Mバイト／秒

④回線利用率
0.12Mバイト÷1.25Mバイト／秒＝**0.096**＝**9.6**%

正解 **エ**

でる度 ★★☆

Q 088 **IPv4アドレス128.0.0.0を含むアドレスクラスはどれか。**

ア クラスA
イ クラスB
ウ クラスC
エ クラスD

サクッと正解

IPv4アドレス128.0.0.0を含むのは，クラスBである。

イモヅル式解説

10進数128（2進数1000 0000）は，**クラスB**の範囲に該当するので，**IPv4アドレス**〔➡Q089〕「128.0.0.0」は，クラスBのIPアドレスである。各クラスの範囲は、次のとおりである。

クラスA（ア）	先頭の1ビット：**0** 先頭8ビットの10進表記：**0～127** 範囲：0.0.0.0～127.255.255.255
クラスB（イ）	先頭の2ビット：**10** 先頭8ビットの10進表記：**128～191** 範囲：128.0.0.0～191.255.255.255
クラスC（ウ）	先頭の3ビット：**110** 先頭8ビットの10進表記：**192～223** 範囲：192.0.0.0～223.255.255.255
クラスD（エ）	先頭の4ビット：**1110** 先頭8ビットの10進表記：**224～239** 範囲：224.0.0.0～239.255.255.255

正解 イ

でる度★★★

Q089

192.168.0.0/23(サブネットマスク255.255.255.254.0)のIPv4ネットワークにおいて，ホストとして使用できるアドレスの個数の上限はどれか。

ア 23　**イ** 24　**ウ** 254　**エ** 510

サクッと正解

ホストとして使用できる個数は，512（2^9）－2＝510である。

イモヅル式解説

設問のIPアドレス「192.168.0.0」の末尾にある「/23」は，先頭から何ビットまでがネットワークアドレスであるかを示している**アドレスプレフィックス**である。**IPv4アドレス**は32ビットなので，「/23」は先頭から23ビット目までが**ネットワークアドレス**，残る9ビットは**ホストアドレス**であることがわかる。

9ビットは2^9＝512であるが，「すべて0」はネットワークアドレス，「すべて1」は**ブロードキャストアドレス**になるので，この2個はホストとして使用できない。したがって，ホストとして使用できるのは，512個－2個＝**510**個である。

ちょっと深堀り　サブネットマスク

サブネットマスクとは，IPアドレスに含まれるネットワークアドレスと，ネットワークに属する個々のコンピュータのホストアドレスを区分するのに用いられるビット列のこと。

〔サブネットマスクの例〕

①10.1.2.146/28　→00001010 00000001 00000010 10010010
②サブネットマスク　→11111111 11111111 11111111 11110000
③サブネットワーク
　アドレス　→00001010 00000001 00000010 10010000

③は，①と②のAND（論理積）〔➡**Q002**〕で求められる。上位28桁目までがネットワークアドレス，続く4桁がホストアドレスである。

イモヅル復習問題 ➡ **Q088**

正解　エ

でる度★★★

Q090 IPv4にはなく，IPv6で追加・変更された仕様はどれか。

ア　アドレス空間として128ビットを割り当てた。
イ　サブネットマスクの導入によって，アドレス空間の有効利用を図った。
ウ　ネットワークアドレスとサブネットマスクの対によってIPアドレスを表現した。
エ　プライベートアドレスの導入によって，IPアドレスの有効利用を図った。

サクッと正解

IPv4のアドレス空間は32ビット，**IPv6**は128ビットである。

イモヅル式解説

IPv6〈=Internet Protocol Version 6〉は，現在の**IPv4**におけるIPアドレスの枯渇やセキュリティの脆弱性などの問題を解決する次世代のバージョンである。IPv4では**32**ビットであるアドレス空間（桁数）を、IPv6では**128**ビットが割り当てられている（**ア**）。

サブネットマスク（**イ**）（**ウ**）や**プライベートアドレス**（**エ**）の考え方は，IPv4でも実装されているので誤りである。

ちょっと深堀り　プライベートIPアドレスとグローバルIPアドレス

プライベートIPアドレスとは，組織内などの閉じたネットワークで自由に使うことができるアドレスのこと。一方，グローバルIPアドレス〔➡**Q081**〕は，インターネットに接続された通信機器を特定できる一意に割り当てられるアドレスである。

正解　ア

Q091

トランスポート層のプロトコルであり，信頼性よりもリアルタイム性が重視される場合に用いられるものはどれか。

ア　HTTP
イ　IP
ウ　TCP
エ　UDP

サクッと正解

リアルタイム性を重視したトランスポート層のプロトコルは，**UDP**である。

イモヅル式解説

UDP〈=User Datagram Protocol〉（**エ**）は，トランスポート層のプロトコルであり，信頼性よりもリアルタイム性が重視される場合に用いられる。

そのほかの選択肢もまとめて覚えよう。

HTTP〈=Hypertext Transfer Protocol〉（**ア**）	Webサーバとクライアントの送受信で用いられる**アプリケーション層**のプロトコル。
HTTPS〈=HTTP over SSL/TLS〉	HTTPによる通信を安全に行うためにセキュリティの機能を追加した方式。
IP〈=Internet Protocol〉（**イ**）	ネットワークを相互に接続するときに用いられる**ネットワーク層**のプロトコル。
TCP〈=Transmission Control Protocol〉（**ウ**）〔➡Q093〕	**トランスポート層**のプロトコルであり，リアルタイム性より信頼性が重視される場合に用いられる。

正解　**エ**

でる度★★☆

Q092

クライアントAがポート番号8080のHTTPプロキシサーバBを経由してポート番号80のWebサーバCにアクセスしているとき，宛先ポート番号が常に8080になるTCPパケットはどれか。

ア　AからBへのHTTP要求及びCからBへのHTTP応答
イ　AからBへのHTTP要求だけ
ウ　BからAへのHTTP応答だけ
エ　BからCへのHTTP要求及びCからBへのHTTP応答

サクッと正解

宛先ポート番号が常に8080になるのは，AからBへの要求だけ。

イモヅル式解説

ポート番号は，**TCP/IP**〔➡Q094〕通信において，コンピュータで動作している複数のソフトウェアのうち，通信先の**ソフトウェア**を指定するための番号である。**TCP**〔➡Q093〕や**UDP**〔➡Q091〕のヘッダにある宛先ポート番号と送信元ポート番号にある値は，クライアント側がサーバ側に要求するときは，宛先ポート番号にサービスを提供しているサーバのポート番号が設定される。逆に，サーバ側がクライアント側に応答するときは，送信元ポート番号にサービスを要求したクライアントのポート番号が設定される。

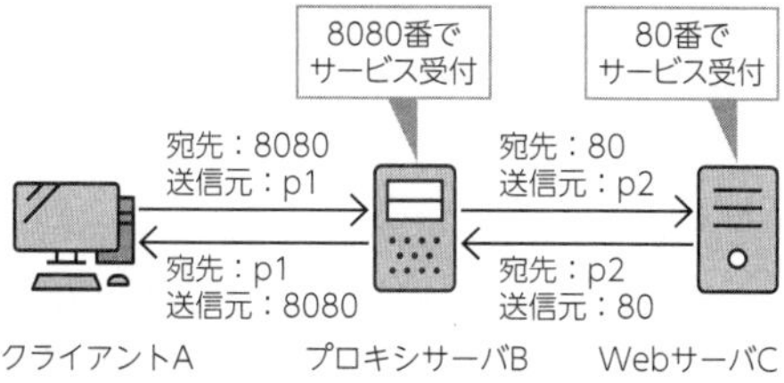

宛先ポート番号と送信元ポート番号

設問のクライアントAは，ポート番号8080の**HTTP**〔➡Q091〕プロキシサーバBを経由し，ポート番号80のWebサーバCへアクセスしているので，クライアントAからHTTPプロキシサーバBへのHTTP要求だけ（**イ**），宛先ポート番号が常に8080となる。

イモヅル復習問題 ➡ Q091

正解　イ

でる度★★★

Q093 **TCP/IPネットワークにおいて，TCPコネクションを識別するために必要な情報の組合せはどれか。**

ア IPアドレス，セッションID
イ IPアドレス，ポート番号
ウ MACアドレス，セッションID
エ ポート番号，セッションID

サクッと正解

TCPコネクションを識別するために必要な情報は，IPアドレスとポート番号である。

イモヅル式解説

TCP〈=Transmission Control Protocol〉は，トランスポート層のプロトコルであり，リアルタイム性より**信頼性**が重視される場合に用いられる。宛先のIPアドレスとポート番号（**イ**）〔➡Q092〕は，TCPコネクションを識別するために必要である。

MACアドレス〈=Media Access Control address〉（**ウ**）は，通信機器を識別するために割り当てられた番号で，**物理アドレス**とも呼ばれる。TCPコネクションを識別するための番号ではない。

セッションID（**ア**）（**ウ**）（**エ**）は，通信中の利用者のセッション（Cookieに記録される識別子など）を区別する番号である。TCPコネクションを識別するための番号ではない。

ちょっと深掘り RADIUS

RADIUS〈=Remote Authentication Dial In User Service〉とは，無線LANやVPN接続などで利用され，利用者を識別・認証するためのシステムのこと。認証に関する仕組みやログなどの記録をサーバに集約できる。

イモヅル復習問題 ➡Q091

正解 **イ**

でる度★★★

Q094 **TCP/IPネットワークでDNSが果たす役割はどれか。**

ア　PCやプリンタなどからのIPアドレス付与の要求に対して，サーバに登録してあるIPアドレスの中から使用されていないIPアドレスを割り当てる。
イ　サーバにあるプログラムを，サーバのIPアドレスを意識することなく，プログラム名の指定だけで呼び出すようにする。
ウ　社内のプライベートIPアドレスをグローバルIPアドレスに変換し，インターネットへのアクセスを可能にする。
エ　ドメイン名やホスト名などとIPアドレスとを対応付ける。

サクッと正解

DNSとは，ドメイン名などとIPアドレスを対応付ける仕組み。

イモヅル式解説

TCP/IPネットワークは，インターネットやイントラネットで利用されている通信プロトコルである。**DNS**〈=Domain Name System〉は，「impress.co.jp」や「rakupass.com」のようなドメイン名やホスト名などと，数字の羅列であるIPアドレスを対応付けて（**エ**）相互変換を行う仕組みである。

DHCP〈=Dynamic Host Configuration Protocol〉〔➡**Q095**〕	PCやプリンタなどからのIPアドレス付与の要求に対して，サーバに登録してあるIPアドレスの中から使用されていないIPアドレスを，動的に割り当てて設定する仕組み（**ア**）。
RPC〈=Remote Procedure Call〉	ネットワーク上のほかのサーバにあるプログラムを，サーバのIPアドレスを意識することなく，プログラム名の指定だけで遠隔（リモート）で呼び出すようにする仕組み（**イ**）。
NAT〈=Network Address Translation〉	社内のプライベートIPアドレスを**グローバルIPアドレス**〔➡**Q081**〕に変換し，インターネットへのアクセスを可能にする仕組み（**ウ**）。

イモヅル復習問題 ➡ **Q083，Q091**

正解 **エ**

Q 095

LANに接続されたPCに対して，そのIPアドレスをPCの起動時などに自動設定するために用いるプロトコルはどれか。

ア　DHCP
イ　DNS
ウ　FTP
エ　PPP

サクッと正解

IPアドレスをPCの起動時などに自動的に割り振るプロトコルは，**DHCP**である。

イモヅル式解説

DHCP〈=Dynamic Host Configuration Protocol〉（**ア**）は，PCやプリンタなどからのIPアドレス付与の要求に対して，サーバに登録してあるIPアドレスの中から**使用されていない**IPアドレスを割り当てるプロトコルである。

そのほかの選択肢もまとめて覚えよう。

DNS〈=Domain Name System〉（**イ**）〔➡**Q094**〕	ドメイン名やホスト名などと，数字の羅列であるIPアドレスを対応付けて相互変換を行う仕組み。
FTP〈=File Transfer Protocol〉（**ウ**）	ファイルの転送を行うための通信プロトコル。匿名で利用できるものを**anonymous FTP**と呼ぶ。
PPP〈=Point-to-Point Protocol〉（**エ**）	インターネットのダイヤルアップ接続などで，電話回線などを使ってインターネットに接続するプロトコル。

イモヅル復習問題 ➡ **Q094**

正解　**ア**

Q □□□ 096

LANに接続されているプリンタのMACアドレスを，同一LAN上のPCから調べるときに使用するコマンドはどれか。ここで，PCはこのプリンタを直前に使用しており，プリンタのIPアドレスは分かっているものとする。

ア arp
イ ipconfig
ウ netstat
エ ping

サクッと正解

同一LANにある機器のMACアドレスを調べるコマンドは，**arp**である。

イモヅル式解説

ARP〈=Address Resolution Protocol〉は，IPアドレスからLANの**MACアドレス**〔➡Q093〕などの情報を得ることができるプロトコルである。

arpコマンド（ア）では，通信相手を特定する場合など，通信していたホストのIPアドレスやMACアドレスなどを調べられる。

基本的なコマンドの種類をまとめて覚えよう。

ipconfig（イ）	IPアドレスやサブネットマスクなどのネットワーク環境の確認。
netstat（ウ）	ルーティングテーブル，通信相手，通信量などの接続情報の確認。
ping（エ）	パケットを送信してネットワークの疎通を確認。
tracert	相手先ホストまでのネットワーク経路を確認。
nslookup	**DNS**〔➡Q094〕サーバとの通信を確認。
telnet	リモートログインして遠隔操作ができる仮想端末機能を提供。

イモヅル復習問題 ➡Q093

正解 ア

でる度★★☆

Q097

TCP/IPのネットワークにおいて，サーバとクライアント間で時刻を合わせるためのプロトコルはどれか。

ア ARP
イ ICMP
ウ NTP
エ RIP

サクッと正解

時刻を合わせるためのプロトコルは，**NTP**である。

イモヅル式解説

NTP〈=Network Time Protocol〉（**ウ**）は，TCP/IP〔➡**Q094**〕のネットワークにおいて，サーバとクライアントの間で**時刻**を合わせるためのプロトコルである。

そのほかのプロトコルもまとめて覚えよう。

ARP〈=Address Resolution Protocol〉（**ア**）〔➡**Q096**〕	IPアドレスからMACアドレス〔➡**Q093**〕などの情報を得ることができるプロトコル。
RARP〈=Reverse Address Resolution Protocol〉	MACアドレスからIPアドレスなどの情報を得ることができるプロトコル。
ICMP〈=Internet Control Message Protocol〉（**イ**）	IPプロトコルのエラー通知及び情報通知のために利用されるプロトコル。
RIP〈=Routing Information Protocol〉（**エ**）	最小のホップ数で到達できる経路を判断するルーティングプロトコル。
SIP〈=Session Initiation Protocol〉	複数のクライアントにおけるセッションの確立や切断を制御するプロトコル。
RTSP〈=Real Time Streaming Protocol〉	インターネットで動画や音声のストリーミング配信を制御するプロトコル。

イモヅル復習問題 ➡ **Q094**

正解 **ウ**

Q098

インターネットにおける電子メールの規約で，ヘッダフィールドの拡張を行い，テキストだけでなく，音声，画像なども扱えるようにしたものはどれか。

ア　HTML
イ　MHS
ウ　MIME
エ　SMTP

サクッと正解

電子メールで画像データなどを添付するための規格は，**MIME**である。

イモヅル式解説

MIME〈=Multipurpose Internet Mail Extension〉（**ウ**）は，インターネットにおける電子メールの規約で，**ヘッダフィールド**の拡張を行い，テキストだけでなく，音声，画像なども扱えるようにした規格である。そのほかのWebサイトや電子メールに関連する用語をまとめて覚えよう。

HTML〈=HyperText Markup Language〉（**ア**）	Webページを記述するための言語であり，タグによって文書の論理構造などを表現するマークアップ言語。
MHS〈=Message Handling System〉（**イ**）	電子メールサービスの国際規格であり，メッセージの生成・転送・処理に関する総合的なサービス。
SMTP〈=Simple Mail Transfer Protocol〉（**エ**）	**TCP/IP**〔➡**Q094**〕ネットワークで標準的に用いられる電子メールを転送するプロトコル。
POP〈=Post Office Protocol〉	メールソフトがメールサーバから電子メールを受信するためのプロトコル。
IMAP〈=Internet Message Access Protocol〉	電子メールをメールサーバに保存したまま，メールサーバ上でフォルダを作成して管理できるプロトコル。

イモヅル復習問題 ➡ **Q094，Q096**

正解　**ウ**

でる度★★☆

Q099

OpenFlowを使ったSDN（Software-Defined Networking）の説明として，適切なものはどれか。

ア　RFIDを用いるIoT（Internet of Things）技術の一つであり，物流ネットワークを最適化するためのソフトウェアアーキテクチャ

イ　様々なコンテンツをインターネット経由で効率よく配信するために開発された，ネットワーク上のサーバの最適配置手法

ウ　データ転送と経路制御の機能を論理的に分離し，データ転送に特化したネットワーク機器とソフトウェアによる経路制御の組合せで実現するネットワーク技術

エ　データフロー図やアクティビティ図などを活用し，業務プロセスの問題点を発見して改善を行うための，業務分析と可視化ソフトウェアの技術

サクッと正解

SDNは，転送機器と経路制御ソフトで実現するネットワーク技術。

イモヅル式解説

SDN〈=Software-Defined Networking〉とは，データ転送と経路制御の機能を論理的に分離し，データ転送に特化したネットワーク機器とソフトウェアによる経路制御の組合せで実現するネットワーク技術（**ウ**）。OpenFlowはコントローラと複数のスイッチで構成され，ネットワーク機器を一括管理・制御してSDNを実現する技術である。

EPC〈=Electronic Product Code〉ネットワーク	RFIDを用いるIoT〈=Internet of Things〉技術の1つであり，物流ネットワークを最適化するためのソフトウェアアーキテクチャ（**ア**）。
CDN〈=Content Delivery Network〉	様々なコンテンツをインターネット経由で効率よく配信するために開発された，ネットワーク上のサーバの最適配置手法（**イ**）。
UML〈=Unified Modeling Language〉〔➡**Q073**〕	データフロー図やアクティビティ図などを活用し，業務プロセスの問題点を発見して改善を行うための，業務分析と可視化ソフトウェアの技術（**エ**）。

正解　**ウ**

Q100

Webサーバにおいて，クライアントからの要求に応じてアプリケーションプログラムを実行して，その結果をWebブラウザに返すなどのインタラクティブなページを実現するために，Webサーバと外部プログラムを連携させる仕組みはどれか。

ア　CGI
イ　HTML
ウ　MIME
エ　URL

サクッと正解

インタラクティブなWebページを実現する仕組みは，**CGI**である。

イモヅル式解説

CGI〈=Common Gateway Interface〉（**ア**）は，Webサーバにおいて，クライアントからの要求に応じてアプリケーションプログラムを実行し，その結果をWebブラウザに返すなどの**インタラクティブ**なページを実現するために，Webサーバと外部プログラムを連携させる仕組みである。そのほかのWebサイトや電子メールに関連する用語をまとめて覚えよう。

HTML〈=HyperText Markup Language〉（**イ**）〔➡**Q098**〕	Webページを記述するためのマークアップ言語。
HTTP〈=Hypertext Transfer Protocol〉〔➡**Q091**〕	WebサーバとWebブラウザが通信するときなどに用いられる通信プロトコル。
URL〈=Uniform Resource Locator〉（**エ**）	インターネット上のリソース（資源・場所）を特定するための表記法。
MIME〈=Multipurpose Internet Mail Extension〉（**ウ**）〔➡**Q098**〕	電子メールで画像データなどを扱えるようにした規格。

イモヅル復習問題 ➡ Q098

正解　ア

でる度 ★★★

Q101

メッセージにRSA方式のディジタル署名を付与して2者間で送受信する。そのときのディジタル署名の検証鍵と使用方法はどれか。

ア 受信者の公開鍵であり，送信者がメッセージダイジェストからディジタル署名を作成する際に使用する。

イ 受信者の秘密鍵であり，受信者がディジタル署名からメッセージダイジェストを算出する際に使用する。

ウ 送信者の公開鍵であり，受信者がディジタル署名からメッセージダイジェストを算出する際に使用する。

エ 送信者の秘密鍵であり，送信者がメッセージダイジェストからディジタル署名を作成する際に使用する。

サクッと正解

RSA方式のディジタル署名では、送信者の公開鍵で，受信者がディジタル署名からメッセージダイジェストを算出する際に使用する。

イモヅル式解説

ディジタル署名は，なりすましやメッセージの改ざんなどがされていないことを証明するための仕組みである。

まず，送信者は，**メッセージダイジェスト**から自分の**秘密鍵**で暗号化してディジタル署名を生成する（**エ**）。次に，受信者は，送信者の**公開鍵**でディジタル署名を**復号**し，送信者が本人であることを確認する（**ウ**）。送信者のメッセージダイジェストと，受信者が受信したメッセージから算出したメッセージダイジェストが同一であれば，改ざんされていないことが検証できる。したがって，ディジタル署名の検証鍵となるのは，この送信者の公開鍵である。

ちょっと深堀り RSA

RSA〈=Rivest Shamir Adleman〉〔➡**Q103**〕とは，桁数の大きい合成数の素因数分解が困難であることを安全性の根拠とした公開鍵暗号方式〔➡**Q102**〕のこと。

正解 **ウ**

Q102 共通鍵暗号方式の特徴はどれか。

ア　暗号化通信に使用する場合，鍵を相手と共有する必要があり，事前に平文で送付することが推奨されている。
イ　暗号化通信をする相手が1人の場合，使用する鍵の個数は公開鍵暗号方式よりも多い。
ウ　同じ程度の暗号強度をもつ鍵長を選んだ場合，公開鍵暗号方式と比較して，暗号化や復号に必要な時間が短い。
エ　鍵のペアを生成し，一方の鍵で文書を暗号化すると，他方の鍵でだけ復号することができる。

サクッと正解

共通鍵暗号方式は，公開鍵暗号方式と比べて暗号化や復号にかかる時間が短い。

イモヅル式解説

共通鍵暗号方式は，同じ程度の暗号強度をもつ鍵長を選んだ場合，**公開鍵暗号方式**と比較して，暗号化や復号に必要な計算量が少ないので，暗号化や復号に必要な時間が短くなる（**ウ**）。

そのほかの選択肢の内容も確認しよう。

- 暗号化通信に使用する場合，鍵を相手と共有する必要があり，事前に**平文**で送付すること（**ア**）は，共通鍵暗号方式では秘密にしておく必要があるので適切ではない。
- 共通鍵暗号方式では，送信者と受信者が共通の鍵を用いる。暗号化通信をする相手が1人の場合，使用する鍵の個数は**1つ**であり，公開鍵暗号方式より少ない（**イ**）。
- 鍵のペアを生成し，一方の鍵で文書を暗号化すると，他方の鍵でだけ復号できる（**エ**）のは，共通鍵暗号方式ではなく，公開鍵暗号方式の特徴である。

正解　**ウ**

セキュリティ　でる度★★★

Q103 公開鍵暗号方式の暗号アルゴリズムはどれか。

ア　AES
イ　KCipher-2
ウ　RSA
エ　SHA-256

サクッと正解

公開鍵暗号方式の暗号アルゴリズムは，**RSA**である。

イモヅル式解説

RSA〈=Rivest Shamir Adleman〉（**ウ**）は，非常に桁数の大きい数の素因数分解が困難なことを利用した**公開鍵暗号方式**〔➡**Q102**〕の1つである。
セキュリティに関連する用語をまとめて覚えよう。

AES〈=Advanced Encryption Standard〉（**ア**）	データベースで管理されるデータの暗号化に用いることができ，かつ暗号化と復号とで同じ鍵を使用する共通鍵暗号化方式。
KCipher-2（**イ**）	九州大学とKDDI研究所により共同開発された共通鍵暗号方式〔➡**Q102**〕。
SHA-256〈=Secure Hash Algorithm 256〉（**エ**）	SHA-2に分類される**ハッシュ関数**〔➡**Q024**〕の1つ。長さが256ビットのハッシュ値を出力する。
SSH〈=Secure Shell〉	リモートログインやリモートファイルコピーのセキュリティを強化したプロトコル，及びそのプロトコルを実装したコマンド。
PGP〈=Pretty Good Privacy〉	共通鍵暗号技術と公開鍵暗号技術を併用した，暗号化と復号の機能をもつ電子メールの仕組み。

イモヅル復習問題 ➡ Q102

正解　ウ

Q104

AES-256で暗号化されていることが分かっている暗号文が与えられているとき，ブルートフォース攻撃で鍵と解読した平文を得るまでに必要な試行回数の最大値はどれか。

ア　256
イ　2^{128}
ウ　2^{255}
エ　2^{256}

サクッと正解

AES-256による暗号文に対し，**ブルートフォース攻撃**で必要な試行回数の最大値は2^{256}回。

イモヅル式解説

AES〔➡Q103〕**-256**は，256ビットの**暗号鍵**を用いて暗号化と復号を行う**共通鍵暗号方式**〔➡Q102〕である。**ブルートフォース攻撃**は**総当たり攻撃**とも呼ばれ，文字を組み合わせたパスワードを総当たりにし，ログインを試行して攻撃する。

ここでは鍵の長さが256ビットなので，0か1の2進数が256桁ということになり，すべての組合せは2^{256}である。これがブルートフォース攻撃に必要な試行回数の最大値になる。

ちょっと深堀り　セキュリティを脅かす行為や手口

ウォードライビング	無線LANの電波を検知できるPCを持って街中を移動し，不正利用が可能なアクセスポイントを見つけ出す行為。
サラミ法	不正行為が表面化しない程度に，多数の資産から少しずつ詐取する犯罪の方法。
キーロガー〈=Keylogger〉	キーボード入力を記録する仕組みを利用者のPCで動作させ，この記録を入手する仕組み。

イモヅル復習問題 ➡Q102　　正解　エ

Q105 CAPTCHAの目的はどれか。

ア　Webサイトなどにおいて，コンピュータではなく人間がアクセスしていることを確認する。
イ　公開鍵暗号と共通鍵暗号を組み合わせて，メッセージを効率よく暗号化する。
ウ　通信回線を流れるパケットをキャプチャして，パケットの内容の表示や解析，集計を行う。
エ　電子政府推奨暗号の安全性を評価し，暗号技術の適切な実装法，運用法を調査，検討する。

サクッと正解

CAPTCHAとは，コンピュータではなく人間がアクセスしていることを確認する方法のこと。

イモヅル式解説

CAPTCHAは，人間には読み取ることができても，プログラムには読み取ることが難しいという差異を利用し，ゆがめたり一部を隠したりした画像から文字を判読させて入力させることで，人間以外による自動入力を排除する技術である。

ハイブリッド暗号方式	公開鍵暗号方式〔➡Q102〕と共通鍵暗号方式〔➡Q102〕を組み合わせ，双方の利点を活用してメッセージを効率よく暗号化する暗号化方式（**イ**）。
パケットキャプチャ	通信回線を流れるパケットを採取（キャプチャ）し，パケットの内容の表示や解析，集計を行う仕組み（**ウ**）。
CRYPTREC	暗号の安全性に関する情報の提供を目的として，電子政府推奨暗号の安全性を客観的に評価し，暗号技術の適切な実装法，運用法を調査・検討するプロジェクト（**エ**）。

イモヅル復習問題 ➡Q102

正解　**ア**

でる度 ★★☆

Q 106 **PCへの侵入に成功したマルウェアがインターネット上の指令サーバと通信を行う場合に，宛先ポートとしてTCPポート番号80が多く使用される理由はどれか。**

ア DNSのゾーン転送に使用されることから，通信がファイアウォールで許可されている可能性が高い。
イ WebサイトのHTTPS通信での閲覧に使用されることから，侵入検知システムで検知される可能性が低い。
ウ Webサイトの閲覧に使用されることから，通信がファイアウォールで許可されている可能性が高い。
エ ドメイン名の名前解決に使用されることから，侵入検知システムで検知される可能性が低い。

サクッと正解

TCPポート番号80が多い理由は，通信がファイアウォールで許可されている可能性が高いからである。

イモヅル式解説

TCP〔➡Q093〕ポート番号80は，WebブラウザがWebサーバと通信するHTTP〈=Hypertext Transfer Protocol〉〔➡Q091〕通信のために予約されている通信ポートである。

宛先ポートとしてTCPポート番号80が多く使用される理由は，Webサイトの閲覧に使用されることから，通信がファイアウォールで許可されている可能性が高い（**ウ**）からである。

そのほかの選択肢の内容も確認しておこう。

- DNS〔➡Q094〕サーバが管理するドメイン群であるゾーンの情報を一括して別のDNSサーバに転送する**ゾーン転送**に使用される（**ア**）のは，TCPポート番号53である。
- Webサイトの**HTTPS**通信での閲覧に使用される（**イ**）のは，TCPポート番号**443**である。
- ドメイン名の名前解決に使用される（**エ**）のは，UDP〔➡Q091〕ポート番号53である。

イモヅル復習問題 ➡ Q091，Q094　　正解 **ウ**

でる度 ★★★

Q107

検索サイトの検索結果の上位に悪意のあるサイトが表示されるように細工する攻撃の名称はどれか。

ア DNSキャッシュポイズニング
イ SEOポイズニング
ウ クロスサイトスクリプティング
エ ソーシャルエンジニアリング

サクッと正解

検索サイトの検索結果の上位に悪意のあるサイトが表示されるように細工する攻撃は，**SEOポイズニング**である。

イモヅル式解説

SEO〈=Search Engine Optimization〉とは，Web検索の結果で自分のWebサイトを上位に表示させようとする検索エンジン最適化のこと。**SEOポイズニング**（**イ**）は，この順位付けアルゴリズムを悪用し，検索結果の上位に悪意のあるWebサイトを意図的に表示させる攻撃手法である。

DNSキャッシュポイズニング（**ア**）	PCが参照するDNS〔➡Q094〕サーバに誤ったドメイン情報を注入し，PCの利用者を偽装されたWebサーバに誘導する攻撃。
クロスサイトスクリプティング〈=XSS〉（**ウ**）	訪問者の入力データをそのまま画面に表示するWebサイトに対し，悪意のあるスクリプトを埋め込んだデータを送信することで，訪問者のWebブラウザで実行させる攻撃。
クロスサイトリクエストフォージェリ〈=CSRF〉	悪意のあるスクリプトを埋め込んだWebページを訪問者に閲覧させ，別のWebサイトでその訪問者に意図しない操作を行わせる攻撃。
ソーシャルエンジニアリング（**エ**）	技術的な手段ではなく，人の心理や行動の隙を狙って不正行為を行う手法。

正解 **イ**

Q108

攻撃者が用意したサーバXのIPアドレスが，A社Webサーバのﾌ FQDNに対応するIPアドレスとして，B社DNSキャッシュサーバに記憶された。これによって，意図せずサーバXに誘導されてしまう利用者はどれか。ここで，A社，B社の各従業員は自社のDNSキャッシュサーバを利用して名前解決を行う。

ア　A社Webサーバにアクセスしようとする A社従業員
イ　A社Webサーバにアクセスしようとする B社従業員
ウ　B社Webサーバにアクセスしようとする A社従業員
エ　B社Webサーバにアクセスしようとする B社従業員

サクッと正解

攻撃者が用意したサーバXに誘導されてしまうのは，A社にアクセスしようとするB社の従業員。

イモヅル式解説

FQDN〈=Fully Qualified Domain Name〉は，**DNS**〔➡Q094〕における完全に指定されたドメイン名のことである。

設問のように，FQDNに対応するIPアドレスを不正に書き換え，DNSサーバに一時的に記憶させる攻撃のことを**DNSキャッシュポイズニング**〔➡Q107〕と呼ぶ。

A社Webサーバに対応するはずのIPアドレスが，攻撃者が用意したサーバXとして記憶されてしまっているので，A社Webサーバにアクセスしようとする B社従業員は，意図せずサーバXに誘導されてしまうことになる。

セキュリティ確保に関連する用語をまとめて覚えよう。

セキュリティバイデザイン	システムの企画や設計の段階からセキュリティを確保する方策。
バイオメトリクス認証（**生体認証**）	個人の指紋や虹彩などの身体的特徴，筆跡などの行動的特徴に基づく認証方法。

イモヅル復習問題 ➡Q094，Q107　正解　イ

でる度★★☆

Q109 パスワードリスト攻撃の手口に該当するものはどれか。

ア　辞書にある単語をパスワードに設定している利用者がいる状況に着目して，攻撃対象とする利用者IDを一つ定め，辞書にある単語やその組合せをパスワードとして，ログインを試行する。

イ　パスワードの文字数の上限が小さいWebサイトに対して，攻撃対象とする利用者IDを一つ定め，文字を組み合わせたパスワードを総当たりして，ログインを試行する。

ウ　複数サイトで同一の利用者IDとパスワードを使っている利用者がいる状況に着目して，不正に取得した他サイトの利用者IDとパスワードの一覧表を用いて，ログインを試行する。

エ　よく用いられるパスワードを一つ定め，文字を組み合わせた利用者IDを総当たりして，ログインを試行する。

サクッと正解

パスワードリスト攻撃とは，不正に取得したIDとパスワードの一覧を使う攻撃手法のこと。

イモヅル式解説

パスワードリスト攻撃は，複数サイトで同一のIDとパスワードを使う利用者がいる状況に着目し，不正に取得した他サイトのIDとパスワードの一覧表を用いて，ログインを試行する攻撃である（**ウ**）。

辞書攻撃	辞書にある単語をパスワードに設定している利用者がいる状況に着目し，辞書にある単語などでログインを試行する攻撃（**ア**）。
ブルートフォース攻撃〔➡Q104〕	パスワードの文字数の上限が小さいWebサイトに対し，攻撃対象とするIDを1つ定め，文字の組合せのパスワードを総当たりして，ログインを試行する攻撃（**イ**）。
リバースブルートフォース攻撃	よく用いられるパスワードを1つ定め，文字の組合せのIDを総当たりしてログインを試行する逆総当たり攻撃（**エ**）。

イモヅル復習問題 ➡ Q104

正解　ウ

でる度★★★

Q110 情報セキュリティにおいてバックドアに該当するものはどれか。

ア　アクセスする際にパスワード認証などの正規の手続が必要なWebサイトに，当該手続を経ないでアクセス可能なURL

イ　インターネットに公開されているサーバのTCPポートの中からアクティブになっているポートを探して，稼働中のサービスを特定するためのツール

ウ　ネットワーク上の通信パケットを取得して通信内容を見るために設けられたスイッチのLANポート

エ　プログラムが確保するメモリ領域に，領域の大きさを超える長さの文字列を入力してあふれさせ，ダウンさせる攻撃

サクッと正解

バックドアとは，認証などが必要な領域に不正に設けられた入口。

イモヅル式解説

情報セキュリティにおける**バックドア**は，企業内ネットワークやサーバなどに侵入するために攻撃者が不正に組み込む入口である。アクセスする際にパスワード認証などの正規の手続が必要なWebサイトに，当該手続を経ないでアクセスできるURL（**ア**）はその一例。

ポートスキャナ	インターネットに公開されているサーバの**TCP**〔➡**Q093**〕ポートの中からアクティブポートを探し，稼働中のサービスを特定するためのツール（**イ**）。
ミラーポート	ネットワーク上の通信パケットの複製を取得し，通信監視のために設けられたスイッチのLANポート（**ウ**）。
バッファオーバフロー攻撃	プログラムが確保している入力用のメモリ領域に，その大きさを超える長さの文字列などのデータを入力し，想定外の動作やダウンをさせようとする攻撃（**エ**）。
rootkit〔➡**Q113**〕	サーバにバックドアを作り，サーバ内で侵入の痕跡を隠蔽するなどの機能がパッケージ化された不正なプログラムやツール。

イモヅル復習問題 ➡ Q093

正解　**ア**

Q111

ボットネットにおけるC&Cサーバの役割として，適切なものはどれか。

ア　Webサイトのコンテンツをキャッシュし，本来のサーバに代わってコンテンツを利用者に配信することによって，ネットワークやサーバの負荷を軽減する。

イ　外部からインターネットを経由して社内ネットワークにアクセスする際に，CHAPなどのプロトコルを用いることによって，利用者認証時のパスワードの盗聴を防止する。

ウ　外部からインターネットを経由して社内ネットワークにアクセスする際に，チャレンジレスポンス方式を採用したワンタイムパスワードを用いることによって，利用者認証時のパスワードの盗聴を防止する。

エ　侵入して乗っ取ったコンピュータに対して，他のコンピュータへの攻撃などの不正な操作をするよう，外部から命令を出したり応答を受け取ったりする。

サクッと正解

ボットネットにおける**C&Cサーバ**は，乗っ取ったコンピュータを外部から操る役割のサーバである。

イモヅル式解説

C&C〈=Command & Control〉**サーバ**は，乗っ取られた複数のコンピュータで構成されるボットネットにおいて，乗っ取ったコンピュータに対して，ほかのコンピュータへの攻撃などの不正な操作をするよう，外部から命令を出したり応答を受け取ったりする（**エ**）役割をもつサーバである。盗聴を防止する（**イ**）（**ウ**）のは，**認証サーバ**の役割である。

また，Webサイトのコンテンツをキャッシュし，本来のサーバに代わってコンテンツを利用者に配信することにより，ネットワークやサーバの負荷を軽減する（**ア**）仕組みは，**CDN**〈=Contents Delivery Network〉〔➡**Q099**〕である。

イモヅル復習問題 ➡ **Q099**　　正解 **エ**

Q112 ディレクトリトラバーサル攻撃に該当するものはどれか。

ア　攻撃者が，Webアプリケーションの入力データとしてデータベースへの命令文を構成するデータを入力し，管理者の意図していないSQL文を実行させる。

イ　攻撃者が，パス名を使ってファイルを指定し，管理者の意図していないファイルを不正に閲覧する。

ウ　攻撃者が，利用者をWebサイトに誘導した上で，WebアプリケーションによるHTML出力のエスケープ処理の欠陥を悪用し，利用者のWebブラウザで悪意のあるスクリプトを実行させる。

エ　セッションIDによってセッションが管理されるとき，攻撃者がログイン中の利用者のセッションIDを不正に取得し，その利用者になりすましてサーバにアクセスする。

サクッと正解

ディレクトリトラバーサル攻撃は，パス名を使ってファイルを不正に閲覧する攻撃手法である。

イモヅル式解説

ディレクトリトラバーサル攻撃は，攻撃者が公開されていないパス名を連想するなどしてファイルを指定し，管理者の意図していないファイルを不正に閲覧する攻撃手法である（**イ**）。

SQLインジェクション	Webアプリケーションの入力データとしてデータベースへの命令文を構成するデータを入力し，管理者の意図していないSQL文を実行させる（**ア**）。
クロスサイトスクリプティング〈=XSS〉〔➡Q107〕	利用者をWebサイトに誘導し，WebアプリケーションによるHTML出力の**エスケープ処理**の欠陥を悪用して，利用者のWebブラウザで悪意のある簡易なプログラムであるスクリプトを実行させる（**ウ**）。
セッションハイジャック	セッションIDでセッションが管理されるとき，攻撃者が利用者のセッションIDを不正に取得し，その利用者になりすましてサーバにアクセスする（**エ**）。

正解　**イ**

でる度★★★

Q 113 **ドライブバイダウンロード攻撃に該当するものはどれか。**

ア　PC内のマルウェアを遠隔操作して，PCのハードディスクドライブを丸ごと暗号化する。

イ　外部ネットワークからファイアウォールの設定の誤りを突いて侵入し，内部ネットワークにあるサーバのシステムドライブにルートキットを仕掛ける。

ウ　公開Webサイトにおいて，スクリプトをWebページ中の入力フィールドに入力し，Webサーバがアクセスするデータベース内のデータを不正にダウンロードする。

エ　利用者が公開Webサイトを閲覧したときに，その利用者の意図にかかわらず，PCにマルウェアをダウンロードさせて感染させる。

サクッと正解

ドライブバイダウンロード攻撃は，Webサイトを閲覧しただけで不正なダウンロードを行う攻撃手法である。

イモヅル式解説

ドライブバイダウンロード攻撃は，利用者が公開Webサイトを閲覧したときに，その利用者の意図にかかわらず，PCに**マルウェア**をダウンロードさせて感染させる攻撃手法である（**エ**）。

ランサムウェア	PC内のマルウェアを遠隔操作し，PCのハードディスクドライブを丸ごと暗号化する（**ア**）。
rootkit	外部ネットワークから**ファイアウォール**の設定の誤りを突いて侵入し，内部ネットワークにあるサーバのシステムドライブに**遠隔操作**をするためのツールであるルートキットを仕掛ける（**イ**）。
SQLインジェクション〔➡Q112〕	公開Webサイトにおいて，スクリプトをWebページ中の入力フィールドに入力し，Webサーバがアクセスするデータベース内のデータを不正にダウンロードする（**ウ**）。

イモヅル復習問題 ➡Q110

正解 **エ**

でる度★★★

Q 114

SPF（Sender Policy Framework）の仕組みはどれか。

ア　電子メールを受信するサーバが，電子メールに付与されているディジタル署名を使って，送信元ドメインの詐称がないことを確認する。

イ　電子メールを受信するサーバが，電子メールの送信元のドメイン情報と，電子メールを送信したサーバのIPアドレスから，ドメインの詐称がないことを確認する。

ウ　電子メールを送信するサーバが，送信する電子メールの送信者の上司からの承認が得られるまで，一時的に電子メールの送信を保留する。

エ　電子メールを送信するサーバが，電子メールの宛先のドメインや送信者のメールアドレスを問わず，全ての電子メールをアーカイブする。

サクッと正解

SPFは，電子メールにドメインの詐称がないことを確認する仕組み。

イモヅル式解説

SPFとは，電子メールを受信するサーバが，電子メールの送信元のドメイン情報と，電子メールを送信したサーバのIPアドレスから，**ドメイン**の詐称がないことを確認する仕組み（**イ**）のこと。電子メールを送信するサーバが，送信する電子メールの送信者の上司からの承認が得られるまで，一時的に電子メールの送信を保留する（**ウ**）のは，**メール送信承認ポリシ**の仕組みである。

DKIM〈=Domain Keys Identified Mail〉	電子メールを受信するサーバが，電子メールに付与されている**ディジタル署名**〔➡Q101〕を使い，送信元ドメインの詐称がないことを確認する仕組み（**ア**）。
メールアーカイブシステム	電子メールを送信するサーバが，電子メールの宛先のドメインや送信者のメールアドレスを問わず，すべての電子メールを1つの**ファイル**としてまとめてアーカイブする仕組み（**エ**）。

正解　**イ**

でる度★★☆

Q115 WPA3はどれか。

ア HTTP通信の暗号化規格
イ TCP/IP通信の暗号化規格
ウ Webサーバで使用するディジタル証明書の規格
エ 無線LANのセキュリティ規格

サクッと正解

WPA3は，無線LANのセキュリティ規格である。

イモヅル式解説

WPA3〈=Wi-Fi Protected Access 3〉は，Wi-Fiアライアンスが認定した，WPA2〔➡Q116〕の後継となる無線LANの暗号化方式の規格（**エ**）である。管理フレーム保護のためのPMF〈=Protected Management Frames〉の使用を必須としている。また，RSA〔➡Q103〕と比べ，短い鍵長で同レベルの安全性を実現できる楕円曲線暗号も使用している。

そのほかの選択肢も確認しておこう。

- HTTP〔➡Q091〕通信の暗号化規格（**ア**）には，HTTPS〈=Hypertext Transfer Protocol Secure〉やSSL〈=Secure Sockets Layer〉/TLS〈=Transport Layer Security〉がある。
- TCP/IP〔➡Q094〕通信の暗号化規格（**イ**）には，IPsec〈=Security Architecture for Internet Protocol〉がある。
- Webサーバで使用するディジタル証明書の規格（**ウ**）には，ITU-T X.509などがある。

ちょっと深堀り IPsec

IPsecは，ネットワーク層で暗号化を行うプロトコルである。認証暗号を施す認証ヘッダ（AH）と暗号ペイロード（ESP）の2つのプロトコルを含む。公衆ネットワークを専用ネットワークのように使える仮想的なネットワークであるVPN〈=Virtual Private Network〉を実現するために用いられる。

イモヅル復習問題 ➡ Q091，Q094，Q103

正解 **エ**

でる度★★★

Q116 WAFの説明はどれか。

ア　Webサイトに対するアクセス内容を監視し，攻撃とみなされるパターンを検知したときに当該アクセスを遮断する。
イ　Wi-Fiアライアンスが認定した無線LANの暗号化方式の規格であり，AES暗号に対応している。
ウ　様々なシステムの動作ログを一元的に蓄積，管理し，セキュリティ上の脅威となる事象をいち早く検知，分析する。
エ　ファイアウォール機能を有し，ウイルス対策，侵入検知などを連携させ，複数のセキュリティ機能を統合的に管理する。

サクッと正解

WAFは，攻撃の検知でWebサイトへのアクセスを遮断する仕組み。

イモヅル式解説

WAF〈=Web Application Firewall〉とは，Webアプリケーションの脆弱性を悪用した攻撃などから保護するソフトウェア，またはハードウェアのこと。Webサイトのアクセス内容を監視し，攻撃とみなされるパターンを検知したときに当該アクセスを遮断する仕組みである（**ア**）。

WPA2〈=Wi-Fi Protected Access 2〉	Wi-Fiアライアンスが認定した無線LANの暗号化方式であり，**共通鍵暗号方式**〔➡**Q102**〕のAES〈=Advanced Encryption Standard〉〔➡**Q103**〕暗号に対応した規格（**イ**）。
SIEM〔➡**Q117**〕	様々なシステムの動作ログを一元的に蓄積・管理し，セキュリティ上の脅威となる事象などをいち早く検知・分析・解析する仕組み（**ウ**）。
UTM〈=Unified Threat Management〉	ファイアウォール機能を有し，ウイルス対策，侵入検知などを連携させ，複数のセキュリティ機能を統合的に管理する仕組み（**エ**）。外部からの攻撃だけでなく，内部からの情報漏えい対策などを含むこともある。

イモヅル復習問題 ➡ **Q102，Q103，Q115**

正解 **ア**

でる度★★★

Q117 SIEM（Security Information and Event Management）の機能はどれか。

ア 隔離された仮想環境でファイルを実行して，C&Cサーバへの通信などの振る舞いを監視する。

イ 様々な機器から集められたログを総合的に分析し，管理者による分析と対応を支援する。

ウ ネットワーク上の様々な通信機器を集中的に制御し，ネットワーク構成やセキュリティ設定などを変更する。

エ パケットのヘッダ情報の検査だけではなく，通信先のアプリケーションプログラムを識別して通信を制御する。

サクッと正解

SIEMには，ログを総合的に分析し，管理者を支援する機能がある。

イモヅル式解説

SIEMは，不正アクセスを検知するため，サーバやネットワーク機器などの様々な機器から集められた複数のログを一括管理し，管理者による分析と対応を支援する機能をもつ（**イ**）。

- 隔離された仮想環境でファイルを実行し，C&Cサーバ〔➡Q111〕への通信などの振る舞いを監視する（**ア**）のは，サンドボックス〔➡Q118〕技術を利用した機能である。
- ネットワーク上の様々な通信機器を集中的に制御し，ネットワーク構成やセキュリティ設定などを変更する（**ウ**）のは，SDN〔➡Q099〕と呼ばれる機能である。
- パケットのヘッダ情報の検査だけではなく，通信先のアプリケーションプログラムを識別して通信を制御する（**エ**）のは，IPS〈=Intrusion Prevention System〉などの不正侵入防止システムの機能である。

ちょっと深堀り IDS

IDS〈=Intrusion Detection System〉とは，サーバやネットワークを監視し，侵入や侵害を検知したときに管理者へ通知する侵入検知システムのこと。

イモヅル復習問題 ➡ Q099，Q111，Q116

正解 **イ**

でる度★★☆

Q118 **マルウェアの動的解析に該当するものはどれか。**

ア　検体のハッシュ値を計算し，オンラインデータベースに登録された既知のマルウェアのハッシュ値のリストと照合してマルウェアを特定する。
イ　検体をサンドボックス上で実行し，その動作や外部との通信を観測する。
ウ　検体をネットワーク上の通信データから抽出し，さらに，逆コンパイルして取得したコードから検体の機能を調べる。
エ　ハードディスク内のファイルの拡張子とファイルヘッダの内容を基に，拡張子が偽装された不正なプログラムファイルを検出する。

サクッと正解

動的解析は，検体をサンドボックス上で実行し，その動作や外部との通信を観測する手法である。

イモヅル式解説

動的解析は，隔離された仮想環境である**サンドボックス**上で検体を実行し，その動作や外部との通信を観測する手法である（**イ**）。これに対し，検体をネットワーク上の通信データから抽出し，さらに**逆コンパイル**して取得したコードから検体の機能を調べる手法（**ウ**）を**静的解析**という。

検体の**ハッシュ値**を計算し，オンラインデータベースに登録された既知のマルウェアのハッシュ値のリストと照合してマルウェアを特定する（**ア**）ことは，**コンペア法**と呼ばれる。

ハードディスク内のファイルの拡張子とファイルヘッダの内容をもとに，拡張子が偽装された不正なプログラムファイルを検出する（**エ**）ことは，**メタ情報**を利用したマルウェア検出手法に該当する。

イモヅル復習問題 ➡Q117

正解　イ

でる度★★★

Q119

1台のファイアウォールによって，外部セグメント，DMZ，内部セグメントの三つのセグメントに分割されたネットワークがあり，このネットワークにおいて，Webサーバと，重要なデータをもつデータベースサーバから成るシステムを使って，利用者向けのWebサービスをインターネットに公開する。インターネットからの不正アクセスから重要なデータを保護するためのサーバの設置方法のうち，最も適切なものはどれか。ここで，Webサーバでは，データベースサーバのフロントエンド処理を行い，ファイアウォールでは，外部セグメントとDMZとの間，及びDMZと内部セグメントとの間の通信は特定のプロトコルだけを許可し，外部セグメントと内部セグメントとの間の直接の通信は許可しないものとする。

ア　WebサーバとデータベースサーバをDMZに設置する。
イ　Webサーバとデータベースサーバを内部セグメントに設置する。
ウ　WebサーバをDMZに，データベースサーバを内部セグメントに設置する。
エ　Webサーバを外部セグメントに，データベースサーバをDMZに設置する。

サクッと正解

WebサーバをDMZ，データベースサーバを内部セグメントに設置。

イモヅル式解説

DMZ〈=DeMilitarized Zone〉は，内部ネットワークからも外部ネットワークからも論理的に**隔離**されたネットワーク領域であり，そこに設置されたサーバが外部から不正アクセスを受けても，内部ネットワークに被害が及ばないようにする仕組みである。外部セグメントからのアクセスを受け入れるWebサーバをDMZに，重要なデータをもつデータベースサーバを**内部セグメント**に設置（**ウ**）し，DMZと内部セグメントとの通信は特定のプロトコルだけを許可する組合せが適切。

正解　**ウ**

でる度 ★★☆

Q120

JIS Q 27000:2014（情報セキュリティマネジメントシステム－用語）における真正性及び信頼性に対する定義a～dの組みのうち，適切なものはどれか。

〔定義〕
a　意図する行動と結果とが一貫しているという特性
b　エンティティは，それが主張するとおりのものであるという特性
c　認可されたエンティティが要求したときに，アクセス及び使用が可能であるという特性
d　認可されていない個人，エンティティ又はプロセスに対して，情報を使用させず，また，開示しないという特性

	真正性	信頼性		真正性	信頼性
ア	a	c	ウ	b	d
イ	b	a	エ	d	a

サクッと正解

真正性は主張するとおりであるという正しさ，**信頼性**は行動と結果が一貫しているという特性。

イモヅル式解説

信頼性 〈=Reliability〉	システムに欠陥や不具合などがなく，意図する行動と結果が常に一貫しているという特性（**a**）。
真正性 〈=Authenticity〉	エンティティは，虚偽や消去などがなく，主張するとおりのものであるという特性（**b**）。
可用性 〈=Availability〉	認可されたエンティティの要求時，アクセス・使用が可能という特性（**c**）。情報セキュリティの3要素の1つ。
機密性 〈=Confidentiality〉	認可されていない個人，エンティティまたはプロセスに対して，情報を使用させず，また開示しないという特性（**d**）。情報セキュリティの3要素の1つ。
完全性 〈=Integrity〉	情報が完全で，改ざんや破壊などが行われていないという特性。情報セキュリティの3要素の1つ。

正解　イ

でる度 ★★★

Q 121

不正が発生する際には“不正のトライアングル”の3要素全てが存在すると考えられている。“不正のトライアングル”の構成要素の説明として，適切なものはどれか。

ア “機会”とは，情報システムなどの技術や物理的な環境，組織のルールなど，内部者による不正行為の実行を可能又は容易にする環境の存在である。

イ “情報と伝達”とは，必要な情報が識別，把握及び処理され，組織内外及び関係者相互に正しく伝えられるようにすることである。

ウ “正当化”とは，ノルマによるプレッシャなどのことである。

エ “動機”とは，良心のかしゃくを乗り越える都合の良い解釈や他人への責任転嫁など，内部者が不正行為を自ら納得させるための自分勝手な理由付けである。

サクッと正解

不正のトライアングルの「**機会**」とは，不正行為が実行できる環境があること。

イモヅル式解説

不正のトライアングルとは，不正行為は，①**動機**，②**機会**，③**正当化**，の3つの構成要素が揃ったときに起こるという理論である。

動機	ノルマによるプレッシャ（**ウ**）など,不正行為を行おうとする理由のこと。
機会	情報システムなどの技術や物理的な環境，組織のルールなど，内部者も不正行為を実行可能または容易にする環境（**ア**）。
正当化	良心のかしゃくを乗り越える都合のよい解釈や他人への責任転嫁など，内部者が不正行為を自ら納得させるための自分勝手な理由付けのこと（**エ**）。

「情報と伝達」とは，必要な情報が識別，把握及び処理され，組織内外及び関係者相互に正しく伝えられるようにすることである（**イ**）が，これは**内部統制**の基本的要素である。

正解 **ア**

でる度★★★

Q122 **リスクアセスメントに関する記述のうち，適切なものはどれか。**

ア　以前に洗い出された全てのリスクへの対応が完了する前に，リスクアセスメントを実施することは避ける。

イ　将来の損失を防ぐことがリスクアセスメントの目的なので，過去のリスクアセスメントで利用されたデータを参照することは避ける。

ウ　損失額と発生確率の予測に基づくリスクの大きさに従うなどの方法で，対応の優先順位を付ける。

エ　リスクアセスメントはリスクが顕在化してから実施し，損失額に応じて対応の予算を決定する。

サクッと正解 

リスクアセスメントとは，リスクを分析・特定し，対応の優先順位を付ける作業のこと。

イモヅル式解説

リスク〔➡Q142〕の大きさは，資産価値，脅威及び脆弱性の大きさによって決まる。**リスクアセスメント**は，リスクマネジメントにおいて，リスクを分析・特定し，損失額と発生確率の予測に基づくリスクの大きさに従うなどの方法で，対応の優先順位を付ける（**ウ**）プロセスである。リスクアセスメントは，下表の3つに大別できる。

リスク分析	リスクの特質を理解し，リスクレベルを決定するプロセス。
リスク特定	リスクの発見，認識及び記述を行うプロセス。
リスク評価	リスクが受容可能か否かを決定するために，リスク分析の結果をリスク基準と比較するプロセス。

正解　ウ

でる度★★☆

Q123

リスク対応のうち，リスクファイナンシングに該当するものはどれか。

ア　システムが被害を受けるリスクを想定して，保険を掛ける。
イ　システムの被害につながるリスクの顕在化を抑える対策に資金を投入する。
ウ　リスクが大きいと評価されたシステムを廃止し，新たなセキュアなシステムの構築に資金を投入する。
エ　リスクが顕在化した場合のシステムの被害を小さくする設備に資金を投入する。

サクッと正解

リスクファイナンシングとは，リスクを想定して保険をかけるなど，経済的な損失を補う対応策のこと。

イモヅル式解説

リスク〔➡Q142〕対応は，下表の3つに大別できる。

リスクコントロール	リスクを回避したり被害を低減したりしようとする対応。
リスクファイナンシング	リスクが顕在化したときの被害額を補填するための対応。
リスク受容〔➡Q142〕	リスクを受け入れ，あえて対策を講じないという対応。

リスクファイナンシングは，システムが被害を受けるリスクを想定して保険をかける（**ア**）など，経済的な損失を補う対応である。リスクの顕在化を抑えようとしたり（**イ**），被害を小さくしようとしたり（**エ**）するのは，リスクコントロールの**リスク低減**〔➡Q142〕に該当する。リスクが大きいと思われるシステムを廃止する（**ウ**）のは，リスクコントロールの**リスク回避**〔➡Q142〕に該当する。

イモヅル復習問題 ➡Q122

正解　ア

でる度★★★

Q124 CSIRTの説明として，適切なものはどれか。

ア　IPアドレスの割当て方針の決定，DNSルートサーバの運用監視，DNS管理に関する調整などを世界規模で行う組織である。

イ　インターネットに関する技術文書を作成し，標準化のための検討を行う組織である。

ウ　企業内・組織内や政府機関に設置され，情報セキュリティインシデントに関する報告を受け取り，調査し，対応活動を行う組織の総称である。

エ　情報技術を利用し，宗教的又は政治的な目標を達成するという目的をもつ者や組織の総称である。

サクッと正解

CSIRTは，情報セキュリティインシデントへの対応を行う組織の総称である。

イモヅル式解説

CSIRT（**シーサート**）は，企業内・組織内や政府機関に設置され，情報セキュリティインシデントに関する報告を受け取り，調査し，対応活動を行う組織の総称である（**ウ**）。組織的なインシデント対応の体制の構築や運用を支援する目的で**JPCERT/CC**が作成したものは**CSIRTマテリアル**と呼ばれる。

そのほかの選択肢の内容も確認しておこう。

ICANN（**アイキャン**）	**IPアドレス**の割当て方針の決定，**DNS**〔➡Q094〕**ルートサーバ**の運用監視，**DNS管理**に関する調整などを世界規模で行う組織（**ア**）。
IETF〈=**Internet Engineering Task Force**〉〔➡**Q240**〕	インターネットに関する技術文書を作成し，標準化のための検討を行う組織（**イ**）。
ハクティビスト〈=**Hacktivist**〉	情報技術を利用し，社会的，宗教的または政治的な目標を強引な手法で達成するという目的をもつ者や組織の総称（**エ**）。

正解　**ウ**

でる度★★★

Q 125

コンピュータやネットワークのセキュリティ上の脆弱性を発見するために，システムを実際に攻撃して侵入を試みる手法はどれか。

ア ウォークスルー
イ ソフトウェアインスペクション
ウ ペネトレーションテスト
エ リグレッションテスト

サクッと正解

システムを実際に攻撃して侵入を試みるテスト手法は，**ペネトレーションテスト**である。

イモヅル式解説

ペネトレーションテスト（ウ）は，コンピュータやネットワークのセキュリティ上の脆弱性を発見するために，ファイアウォールや公開サーバなどに実際に攻撃し，侵入できないことを確認するテスト手法である。また，複数のログデータを相関分析し，不正アクセスを検知する仕組みを，**SIEM**〔➡Q117〕という。

そのほかの評価やテストの手法をまとめて覚えよう。

ウォークスルー （ア）〔➡Q133〕	設計上の誤りを早期に発見することを目的として，作成者と複数の関係者が設計書をレビューする評価方法。
ソフトウェアインスペクション （イ）	ソフトウェアを実際に動作させずに，仕様書やコードによってレビューする評価方法。
リグレッションテスト （**退行テスト**） （エ）	ソフトウェアのテストのうち，ソフトウェア保守のために行った変更により，影響を受けないはずの箇所に影響を及ぼしていないかを確認する目的で行うテスト。
ファジング	ソフトウェアの不具合を検出するため，意図的に例外的なデータを送信して挙動を確認することで，バグや脆弱性を検出するテスト手法。

イモヅル復習問題 ➡Q117

正解 ウ

でる度★★★

Q 126 **システムの外部設計を完了させるとき，顧客から承認を受けるものはどれか。**

ア 画面レイアウト
イ システム開発計画
ウ 物理データベース仕様
エ プログラム流れ図

サクッと正解

外部設計を完了させるとき，顧客から承認を受ける作業の1つは，**画面レイアウト**である。

イモヅル式解説

システム開発は，基本計画→外部設計→内部設計→プログラム設計→プログラミング→テスト→運用・保守という流れで進行する。**基本計画**では，システム開発を実現するための分析や検討などを行う。**外部設計**では，システム要件を満たすための基本となる設計を行う。

内部設計はコンピュータ側から見たシステム設計であり，外部設計はユーザ側から見たシステム設計である。**画面レイアウト**（**ア**）は，顧客が目にして操作するものなので，システムの外部設計を完了させるとき，顧客から承認を受けるものである。

そのほかの選択肢も確認しておこう。

- **システム開発計画**（**イ**）は，基本計画の段階で行うものである。
- **物理データベース仕様**（**ウ**）は，内部設計で実施するものである。
- **プログラム流れ図**（**エ**）は，プログラム設計で作成するものである。

ちょっと深堀り　カプセル化

オブジェクト指向におけるカプセル化は，データとそれを操作する手続を1つのオブジェクトにして，データと手続の詳細をオブジェクトの外部から隠蔽することである。

正解　ア

でる度★★★

Q127 **UMLにおける振る舞い図の説明のうち，アクティビティ図のものはどれか。**

ア　ある振る舞いから次の振る舞いへの制御の流れを表現する。
イ　オブジェクト間の相互作用を時系列で表現する。
ウ　システムが外部に提供する機能と，それを利用する者や外部システムとの関係を表現する。
エ　一つのオブジェクトの状態がイベントの発生や時間の経過とともにどのように変化するかを表現する。

サクッと正解

アクティビティ図は，ある振る舞いから次の振る舞いへの制御の流れを表現する図である。

イモヅル式解説

UML〔➡Q073〕は，業務プロセスのモデリング表記法として用いられ，**オブジェクト指向**モデルを表現する複数のモデル図法を体系化したものである。

アクティビティ図は，ある振る舞いから次の振る舞いへの制御の流れを表現する図（**ア**）である。UMLをビジネスモデリングに用いる場合，プロセスの実行順序や条件による分岐などのワークフローを表すことができる。試験に出る「～図」をまとめて覚えよう。

シーケンス図	オブジェクト間の相互作用やメッセージの流れを時系列で表現する図（**イ**）。
ユースケース図	システムがどのように機能すべきかを示すために，システムが外部に提供する機能と，アクターと呼ばれる利用者や外部システムとの関係を表現する図（**ウ**）。
状態遷移図	オブジェクトの状態がイベント発生や終了，ステータスの変更や時間経過とともに，ある状態からほかの状態へどのように変化するかを表現する図（**エ**）。
オブジェクト図	UMLのダイアグラムで，インスタンス間の関係を表現する図。

イモヅル復習問題 ➡ Q073

正解　**ア**

でる度★★☆

Q 128 UMLのクラス図のうち，汎化の関係を示したものはどれか。

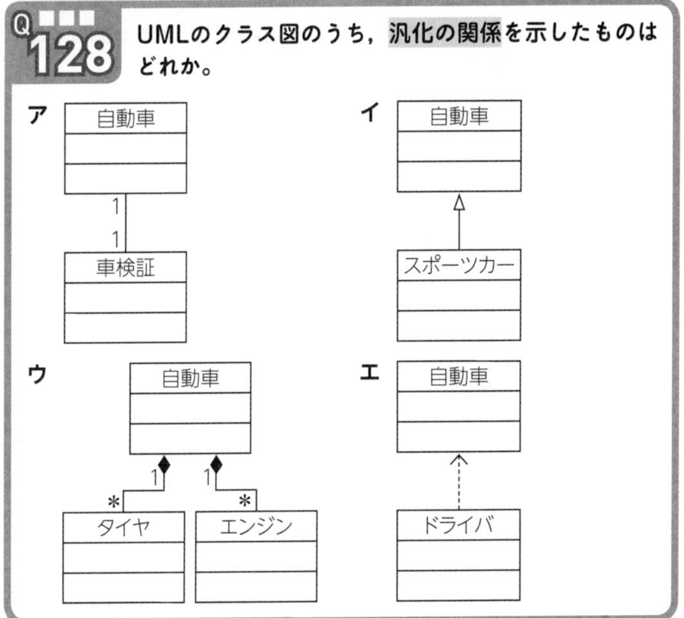

サクッと正解

汎化の関係を示すのは，サブクラス「スポーツカー」からスーパークラス「自動車」を作る図である。

イモヅル式解説

UML〔➡Q073〕における一般化である**汎化**〈=Generalization〉は，下位の**サブクラス**から共通する特性（属性や振る舞い）を取り出し，上位の**スーパークラス**を作ることである。図の△（白い三角）は汎化を表している。

アは1台の自動車と1つの車検証という**対応関係**（**多重度**），**ウ**は**分解－集約関係**（**コンポジション**），**エ**はドライバが自動車を操作（運転）するという**依存関係**〈=Dependency〉を示している。

イモヅル復習問題 ➡ Q073，Q127

正解 イ

でる度★★★

Q 129 **オブジェクト指向における“委譲”に関する説明として，適切なものはどれか。**

ア　あるオブジェクトに対して操作を適用したとき，関連するオブジェクトに対してもその操作が自動的に適用される仕組み

イ　あるオブジェクトに対する操作を，その内部で他のオブジェクトに依頼する仕組み

ウ　下位のクラスが上位のクラスの属性や操作を引き継ぐ仕組み

エ　複数のオブジェクトを部分として用いて，新たな一つのオブジェクトを生成する仕組み

サクッと正解

委譲は，あるオブジェクトに対する操作をほかのオブジェクトに依頼する仕組みである。

イモヅル式解説

オブジェクト指向における**委譲**（**デリゲーション**）は，あるオブジェクトに対する操作を，その内部でほかのオブジェクトに依頼する仕組みである（**イ**）。

伝搬 (プロパゲーション)	あるオブジェクトに操作を適用したとき，関連するオブジェクトにもその操作が自動的に適用される仕組み（**ア**）。
継承 (**インヘリタンス**)	下位クラス（サブクラス）が上位クラス（スーパークラス）を基底クラスとして，上位クラスがもつ属性や操作を引き継いで利用する仕組み（**ウ**）。
合成 (**コンポジション**)	複数のオブジェクトを集めて取り込むことで，新たな機能をもつ1つのオブジェクトを生成する仕組み（**エ**）。
多態性 (**ポリモルフィズム**)	同一メッセージを送っても，受け手のオブジェクトにより異なる動作をするので，メッセージを受け取るオブジェクトの種類が増えても，メッセージを送るオブジェクトに影響がない仕組み。

正解　**イ**

でる度 ★★★

Q 130 **図は，構造化分析法で用いられるDFDの例である。図中の“○”が表しているものはどれか。**

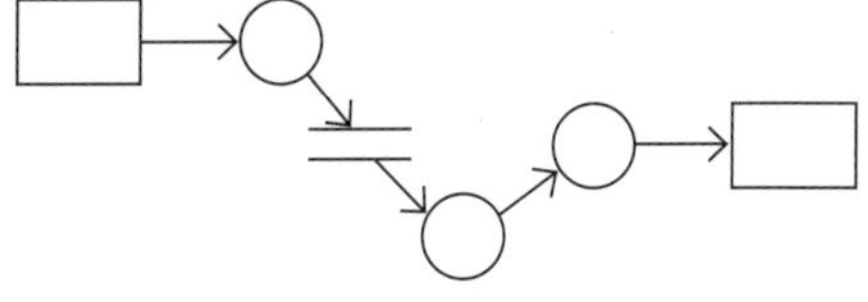

ア アクティビティ　　**イ** データストア
ウ データフロー　　**エ** プロセス

サクッと正解

DFDの○は，プロセス（処理）を表す記号である。

イモヅル式解説

DFD〈=Data Flow Diagram〉は，データの流れに着目し，業務のデータの流れと処理の関係を表記する図法である。

「→」はデータの流れ（ウ），「○」はプロセス（処理）（エ），「□」はデータの源泉（発生源）や吸収先（行き先），「=」はデータベースやファイルなどの**データストア**（**蓄積・保管**）（イ）を表している。

記号	意味
□	**データの源泉**（**発生源**） **データの吸収先**（**行き先**）
○	**プロセス**（**処理**）
→	**データフロー**（**流れ**）
=	データストア（蓄積・保管）

正解 **エ**

でる度★★☆

Q131

システム開発で用いる設計技法のうち，決定表を説明したものはどれか。

ア　エンティティを長方形で表し，その関係を線で結んで表現したものである。

イ　外部インタフェース，プロセス，データストア間でのデータの流れを表現したものである。

ウ　条件の組合せとそれに対する動作とを表現したものである。

エ　処理や選択などの制御の流れを，直線又は矢印で表現したものである。

サクッと正解

決定表は，条件の組合せとそれに対する動作を表現したもの。

イモヅル式解説

決定表（**デシジョンテーブル**）は，条件の組合せと対応する動作を表の形式で表現したものである（**ウ**）。

業務経験年数≧5	Y	Y	Y	N
3科目合計得点≧260	Y	Y	N	−
英語得点≧90	Y	N	−	−
合格	X	−	−	−
仮合格	−	X	−	−
不合格	−	−	X	X

決定木（**ディシジョンツリー**）	条件の組合せと対応する動作を**樹形図**で表現したもの。
E-R図	エンティティ（実体）を**長方形**で表し，その関係（リレーション）を線で結んで表現したもの（**ア**）。
DFD〈=Data Flow Diagram〉〔➡Q130〕	外部インタフェース，プロセス，**データストア**間でのデータの流れを表現したもの（**イ**）。
フローチャート（**流れ図**）	処理や選択などの制御の流れやアルゴリズムなどを，直線や矢印で表現したもの（**エ**）。

イモヅル復習問題 ➡Q130

正解　**ウ**

Q 132 **モジュール結合度が最も弱くなるものはどれか。**

ア　一つのモジュールで，できるだけ多くの機能を実現する。
イ　二つのモジュール間で必要なデータ項目だけを引数として渡す。
ウ　他のモジュールとデータ項目を共有するためにグローバルな領域を使用する。
エ　他のモジュールを呼び出すときに，呼び出されたモジュールの論理を制御するための引数を渡す。

サクッと正解

モジュール結合度が最も弱くなるものは，必要なデータ項目だけを渡すデータ結合である。

イモヅル式解説

モジュール結合度は，モジュール同士の関連性の度合いのことで，弱いほどほかのモジュールへの影響が**低く**なり，独立性が**高く**なる。モジュール間の情報の受け渡しが必要なデータ項目（パラメータ）だけで行われる（**イ**）のは，モジュール結合度が最も弱くなる。

1つのモジュールで，できるだけ多くの機能を実現する（**ア**）のは，モジュール内部の命令が関連し合う度合いである**モジュール強度**が弱くなる。

データ結合	必要なデータ項目だけを渡す（**イ**）。最も結合度が弱い。
スタンプ結合	処理に必要な**引数**として構造体などのオブジェクトを渡す。
制御結合	呼び出されたモジュールの論理を制御する引数を渡す（**エ**）。
外部結合	必要なデータを外部宣言し，共有するグローバルな領域を使用する（**ウ**）。
共通結合	定義したデータを，関係するモジュールが**参照**する。
内容結合	ほかのモジュールの内部を参照。最も結合度が強い。

正解　イ

でる度 ★★★

Q 133

ソフトウェアのレビュー方法の説明のうち，インスペクションはどれか。

ア　作成者を含めた複数人の関係者が参加して会議形式で行う。レビュー対象となる成果物を作成者が説明し，参加者が質問やコメントをする。

イ　参加者が順番に司会者とレビュアになる。司会者の進行によって，レビュア全員が順番にコメントをし，全員が発言したら，司会者を交代して次のテーマに移る。

ウ　モデレータが全体のコーディネートを行い，参加者が明確な役割をもってチェックリストなどに基づいたコメントをし，正式な記録を残す。

エ　レビュー対象となる成果物を複数のレビュアに配布又は回覧して，レビュアがコメントをする。

サクッと正解

インスペクションは，モデレータの下で参加者がレビューする方法。

イモヅル式解説

インスペクションは，責任のある第三者である**モデレータ**によって全体のコーディネートが行われ，参加者が明確な役割をもってチェックリストなどに基づいたコメントをし，正式な記録を残す（**ウ**）ソフトウェアのレビュー方法である。

ウォークスルー	複数人の関係者と作成者が会議形式で行うレビュー方法。レビューの対象となる成果物を作成者が説明し，参加者が質問やコメントをしながら進行する（**ア**）。
ラウンドロビン	参加者が順番に司会者とレビュアの役割を担うレビュー方法。司会者の進行により参加者が順番にコメントし，全員が発言したら，司会者を交代して次のテーマに移る（**イ**）。
パスアラウンド	対象となる成果物を複数のレビュアに配布または回覧し，レビュアがコメントすることでレビューを行う方法（**エ**）。

正解 **ウ**

でる度 ★★★

Q134 テストで使用されるスタブ又はドライバの説明のうち，適切なものはどれか。

ア スタブは，テスト対象モジュールからの戻り値の表示・印刷を行う。

イ スタブは，テスト対象モジュールを呼び出すモジュールである。

ウ ドライバは，テスト対象モジュールから呼び出されるモジュールである。

エ ドライバは，引数を渡してテスト対象モジュールを呼び出す。

サクッと正解

ドライバは，引数を渡してテスト対象の下位モジュールを呼び出す役割をする。

イモヅル式解説

ドライバは，階層構造のモジュール群からなるソフトウェアのテストで，**上位モジュール**の代替となり，テスト対象の下位モジュールを呼び出す（**エ**）テスト用モジュールである。

スタブは，テスト対象の上位モジュールから呼び出されて適切な値を返す，**下位モジュール**の代替となるテスト用モジュールである。

ちょっと深堀り インスペクタとスナップショットダンプ

インスペクタとは，プログラムの実行中，必要に応じて変数やレジスタなどの内容を表示し，内容の修正などを行ってテストを継続できる機能のこと。
スナップショットダンプは，指定した命令が実行されるたびに，レジスタや主記憶の内容の一部を出力することにより，正しく処理されていることを確認できる機能である。

正解 エ

でる度★★★

Q135

ブラックボックステストに関する記述として，最も適切なものはどれか。

ア　テストデータの作成基準として，プログラムの命令や分岐に対する網羅率を使用する。

イ　被テストプログラムに冗長なコードがあっても検出できない。

ウ　プログラムの内部構造に着目し，必要な部分が実行されたかどうかを検証する。

エ　分岐命令やモジュールの数が増えると，テストデータが急増する。

サクッと正解

ブラックボックステストは，被テストプログラムに冗長なコードがあっても検出できない。

イモヅル式解説

ブラックボックステストは，プログラムの機能やインタフェースの仕様に基づき，システムの内部構造は考慮せずに**仕様**を満たしているかどうかだけを検証するテスト手法である。主にプログラム開発者以外の第三者が，プログラム設計者の意図した機能を実現しているかをテストする。内部プログラムは考慮しないので，被テストプログラムに冗長なコードがあっても検出できない（**イ**）。

テストデータの作成基準として，プログラムの命令や分岐に対する網羅率を使用する（**ア**），プログラムの**内部構造**に着目し，必要な部分が実行されたかどうかを検証する（**ウ**），分岐命令やモジュールの数が増えると，テストデータが急増する（**エ**）のは，**ホワイトボックステスト**に関する記述である。

ちょっと深堀り　ホワイトボックステスト

ホワイトボックステストは，プログラムの内部構造に基づいて，すべてのプログラムの流れを検証するテストである。

正解　**イ**

Q136

プログラムの流れ図で示される部分に関するテストデータを，判定条件網羅（decision coverage）によって設定した。このテストデータを複数条件網羅（multiple condition coverage）による設定に変更したとき，加えるべきテストデータのうち，適切なものはどれか。ここで，（　）で囲んだ部分は，一組みのテストデータを表すものとする。

・判定条件網羅によるテストデータ

（A=4，B=1），（A=5，B=0）

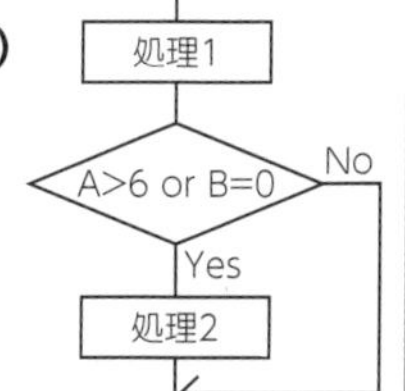

ア　(A=3，B=0)，(A=7，B=2)
イ　(A=3，B=2)，(A=8，B=0)
ウ　(A=4，B=0)，(A=8，B=0)
エ　(A=7，B=0)，(A=8，B=2)

サクッと正解

条件を網羅するのは，(A=7，B=0)，(A=8，B=2) を追加したときである。

イモヅル式解説

判定条件網羅（**分岐網羅**）は，すべての判定条件文において，結果が真の場合と偽の場合の両方がテストされるように，**ホワイトボックステスト**〔➡Q135〕のテストケースを設計することである。

設問の分岐判定条件は「A>6 or B=0」なので，(A=4，B=1) では (A=No，B=No) となりNoの出力，(A=5，B=0) では (A=No，B=Yes) でYesとなり，判定条件網羅になる。

複数条件網羅は，判定条件のすべての結果の組合せを網羅しつつ，すべての命令を少なくとも1回以上実行すること。テストされていないのは (**A=Yes，B=Yes**) と (**A=Yes，B=No**) なので，(A=7，B=0)，(A=8，B=2)（エ）が適切である。

イモヅル復習問題 ➡Q135　　正解　エ

でる度★☆☆

Q 137

エラー埋込法において，埋め込まれたエラー数をS，埋め込まれたエラーのうち発見されたエラー数をm，埋め込まれたエラーを含まないテスト開始前の潜在エラー数をT，発見された総エラー数をnとしたとき，S，T，m，nの関係を表す式はどれか。

ア $\frac{m}{S}=\frac{n-m}{T}$　　**イ** $\frac{m}{S}=\frac{T}{n-m}$

ウ $\frac{m}{S}=\frac{n}{T}$　　**エ** $\frac{m}{S}=\frac{T}{n}$

サクッと正解

埋め込まれたエラーの発見率と潜在的なエラーの発見率が等しいので，S，T，m，nの関係は，$\frac{m}{S}=\frac{n-m}{T}$である。

イモヅル式解説

エラー埋込法（**バグ埋込法**）は，プログラムに意図的にエラーを埋め込んだ状態でテストを行い，埋め込まれたエラーのうち発見されたエラー数から，まだ発見されていない潜在エラー数を推測する手法である。

潜在エラーのうち，テストで発見されたエラー数は「発見された総エラー数n−埋め込まれたエラーのうち発見されたエラー数m」であり，「$n-m$」になる。

ソフトウェア内に残存するバグを推定するエラー埋込法として，意図的に埋め込まれたエラーの発見率は$\frac{m}{S}$であり，**等しい**はずである潜在エラーの発見率に置き換えると「$\frac{m}{S}=\frac{n-m}{T}$」である。

正解 **ア**

でる度★★★

Q 138

条件に従うとき，アプリケーションプログラムの初年度の修正費用の期待値は，何万円か。

〔条件〕

(1) プログラム規模：2,000kステップ

(2) プログラムの潜在不良率：0.04件／kステップ

(3) 潜在不良の年間発見率：20%／年

(4) 発見した不良の分類

影響度大の不良：20%，影響度小の不良：80%

(5) 不良1件当たりの修正費用

影響度大の不良：200万円，影響度小の不良：50万円

(6) 初年度は影響度大の不良だけを修正する

ア 640　**イ** 1,280　**ウ** 1,600　**エ** 6,400

サクッと正解

期待値＝ステップ数×潜在不良率×初年度に発見される割合×影響度大の割合×1件当たりの修正費用

イモヅル式解説

〔条件〕の（1）と（2）から，本アプリケーションプログラムに含まれる不良数は「**2,000kステップ×潜在不良率0.04**＝80個」とわかる。

（6）に「初年度は影響度大の不良だけを修正する」とあり，（3）から初年度に発見される不良は「**80**個×年間発見率20%（0.2）＝**16**個」とわかる。

（4）から影響度大の不良は20%なので，「**16**個×影響度大の不良の割合20%（0.2）＝**3.2**個」と算出できる。

（5）から影響度大の不良1件当たりの修正費用は200万円であり，「**3.2**個×200万円＝**640**万円」と計算できる。

正解 **ア**

でる度 ★★★

Q139

モデリングツールを使用して，本稼働中のデータベースシステムの定義情報からE-R図などで表現した設計書を生成する手法はどれか。

ア コンカレントエンジニアリング
イ ソーシャルエンジニアリング
ウ フォワードエンジニアリング
エ リバースエンジニアリング

サクッと正解

完成品から設計書を生成する手法は，**リバースエンジニアリング**である。

イモヅル式解説

リバースエンジニアリング（エ）は，対象のシステムを解析し，その**仕様**を明らかにする手法である。稼働中のデータベースから，設計書を生成する手法などが該当する。

ソーシャルエンジニアリング（イ）〔➡Q107〕は，技術的な手段ではなく，人の心理や行動の隙を狙って不正行為を行う手法である。

「～エンジニアリング」をまとめて覚えよう。

コンカレントエンジニアリング（ア）	製品開発において，設計，生産計画などの工程を同時並行的に行う手法。
フォワードエンジニアリング（ウ）	開発支援ツールなどを用いて，設計情報から**ソースコード**を自動生成する手法。
シーケンスエンジニアリング	設計，製造，販売などのプロセスを順に行っていく製品開発の手法。

イモヅル復習問題 ➡Q107

正解 エ

でる度★★★

Q 140 **XP（eXtreme Programming）において，プラクティスとして提唱されているものはどれか。**

ア インスペクション
イ 構造化設計
ウ ペアプログラミング
エ ユースケースの活用

サクッと正解

XPでは，ペアプログラミングの実践が提唱されている。

イモヅル式解説

XP（**エクストリームプログラミング**）は，変化する要求への対応力を高め，ソフトウェアの品質を向上させることを目的とした開発手法である。開発チームが行うべきプラクティス（実践）には，次のものなど，19のプラクティスがある。

ペアプログラミング（ウ）	プログラム開発において，相互に役割を交替し，チェックし合うことにより，プログラムの品質向上を図る手法。
テスト駆動開発	動作するソフトウェアを迅速に開発するため，テストケースを先に設定してから，プログラムをコーディングする手法。
リファクタリング	外部から見たときの振る舞いを変えずにソフトウェアの内部構造を変えたり，ソースコードをシンプルにして保守性を高めたりするなど，品質向上を図る手法。
継続的インテグレーション	コードの結合とテストを継続的に繰り返しておき，統合の問題などを避ける手法。
ソースコードの共同所有	すべてのコードに対して，すべての人が責任を負うという考え方。

正解 ウ

COLUMN

満点は要らない

試験要綱を見ると，基本情報技術者試験の出題範囲はとても広いことがわかる。**情報処理に関わるものなら何でも**含まれていると言っても過言ではないだろう。普段接している情報学部の学生からは「基本情報技術者試験はテクノロジ系だけにして欲しい」という声を聞くことがある。

実際の午前試験の出題は，**テクノロジ系が6割強，マネジメント系とストラテジ系が4割弱**。この広大な午前試験の範囲に対応するため，本書では多様な演習問題を取り上げている。午後試験は，セキュリティ 1問が必須で，テクノロジ3問とストラテジ及びマネジメントから1問（4問中2問を選択）が出題されて配点は50％，さらにデータ構造及びアルゴリズムが25％，ソフトウェア開発としてC，Java，Python，アセンブラ言語，表計算ソフトからの選択が25％の配点だ。つまり，午後試験では，セキュリティを含めた**テクノロジ系だけを選択し，そのほかの分野を避けることができる**のだ。

ところで，基本情報技術者試験の合格基準点は，午前・午後の試験ともに**100点満点中60点**である。この合格基準点は，情報処理技術者試験のほかのカテゴリでも共通している。ちなみに，同じ国家試験である自動車運転免許の学科試験は，100点満点中90点が合格基準点である。合格するか否かだけに着目すれば，情報処理技術者試験は苦手分野や試験本番での**取りこぼしに対して寛容**といえるだろう。ということは，広い出題範囲を完璧にマスターしなければならないと思い，なかなか出願に踏み切れないでいるよりは，「**試しに1回受けてみよう**」という感じでチャレンジしてみることが，案外，最短の道なのかもしれない。これはこの「イモヅル式」シリーズが「コンパクト」にこだわる理由の1つでもある。

第2章

マネジメント系

第2章では，マネジメント系を学習する。
基本情報技術者試験におけるマネジメント系の出題は例年10問であり，午前試験での出題割合は12.5%である。近年の出題傾向では，プロジェクトマネジメント，サービスマネジメントの2つに大別される。また，サービスマネジメントとして内部統制や監査についても出題がある。計算問題も含めて類似問題が繰り返し出題されやすいので，本書に掲載の頻出問題から重要事項を効率よく学ぼう。

でる度★★★

Q 141 **ソフトウェア開発の見積方法の一つであるファンクションポイント法の説明として，適切なものはどれか。**

ア 開発規模が分かっていることを前提として，工数と工期を見積もる方法である。ビジネス分野に限らず，全分野に適用可能である。

イ 過去に経験した類似のソフトウェアについてのデータを基にして，ソフトウェアの相違点を調べ，同じ部分については過去のデータを使い，異なった部分は経験に基づいて，規模と工数を見積もる方法である。

ウ ソフトウェアの機能を入出力データ数やファイル数などによって定量的に計測し，複雑さによる調整を行って，ソフトウェア規模を見積もる方法である。

エ 単位作業項目に適用する作業量の基準値を決めておき，作業項目を単位作業項目まで分解し，基準値を適用して算出した作業量の積算で全体の作業量を見積もる方法である。

サクッと正解

ファンクションポイント法とは，複雑さを考慮した機能を計測してソフトウェアの規模を見積もる方法のこと。

イモヅル式解説

ファンクションポイント法は，ソフトウェアの機能を入出力データ数やファイル数などにより定量的に計測し，複雑さによる調整を行って，ソフトウェアの規模を見積もる方法である（**ウ**）。

COCOMO	ソフトウェアの開発規模がわかっていることを前提として，開発の工数と期間を見積もる方法（**ア**）。
類推見積法	類似ソフトウェアのデータを基にソフトウェアの相違点を調べ，規模と工数を見積もる方法（**イ**）。
標準タスク法	単位作業項目に適用する作業量の基準値により算出した作業量の積算で全体の作業量を見積もる方法（**エ**）。
パラメトリック法	過去のデータとそのほかの変数との統計的関係により，プロジェクトの作業コストを見積もる方法。

正解 **ウ**

 でる度★★★

Q 142 **プロジェクトのリスクに対応する戦略として，損害発生時のリスクに備え，損害賠償保険に加入することにした。PMBOKによれば，該当する戦略はどれか。**

ア 回避
イ 軽減
ウ 受容
エ 転嫁

サクッと正解

損害賠償保険に加入することは，保険料を支払って保険会社にリスクを**転嫁**する戦略である。

PMBOK〈=Project Management Body of Knowledge〉は，プロジェクトマネジメントの知識を体系化したものである。

リスクへの対応策として，次の4つが挙げられている。

回避（ア）	問題の発生要因を排除し，リスクが発生する可能性を取り去ること。
軽減（イ）	セキュリティ対策を行うなど，問題発生の可能性を下げること。**リスク低減**とも呼ばれる。
受容（ウ）	特段の対応は行わずに，損害発生時の負担を想定しておくこと。
転嫁（エ）	保険などによってリスクを他者などに移すこと。**リスク移転**とも呼ばれる。

ちょっと深掘り **SWEBOK**

SWEBOK〈=Software Engineering Body of Knowledge〉とは，ソフトウェアエンジニアリングに関する理論や方法論，ノウハウ，そのほか各種知識を体系化したもの。

正解 **エ**

でる度★★★

Q143

プロジェクトのスケジュールを短縮するために，アクティビティに割り当てる資源を増やして，アクティビティの所要期間を短縮する技法はどれか。

ア クラッシング
イ クリティカルチェーン法
ウ ファストトラッキング
エ モンテカルロ法

サクッと正解

プロジェクトで使える資源を増やして所要期間を短縮する技法は，**クラッシング**である。

イモヅル式解説

クラッシング〈=Crashing〉は，プロジェクトのスケジュールを短縮するために，アクティビティに割り当てる人材や予算などのリソースを増やし，アクティビティの所要期間を短縮する技法である（**ア**）。

クリティカルパス法〈=CPM；Critical Path Method〉	**クリティカルパス**〔➡Q144〕を早期に発見し，それを重点的に管理する技法。
クリティカルチェーン法（**イ**）	クリティカルパス法をベースにし，利用可能な資源を考慮した作業スケジュールを作成する技法。
ファストトラッキング（**ウ**）	アクティビティを並行して行うことで所要期間を短縮する技法。
モンテカルロ法（**エ**）	乱数を応用し，求める解や法則性の近似を得る技法。

正解 **ア**

Q 144

あるプロジェクトの日程計画をアローダイアグラムで示す。クリティカルパスはどれか。

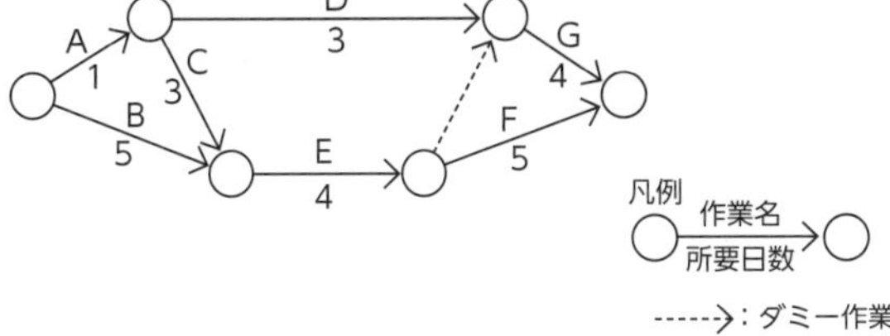

ア　A，C，E，F
イ　A，D，G
ウ　B，E，F
エ　B，E，G

サクッと正解

クリティカルパスは，所要日数が最も長いB，E，Fである。

イモヅル式解説

クリティカルパスは，**アローダイアグラム**で所要日数を積算したとき，最も長い作業順序のことである。これがプロジェクト完了までにかかる最短時間となる。クリティカルパスにある作業に遅れが生じると，プロジェクト完了予定日に直接的な影響が出る。

左端から右端に至る経路において，それぞれの所要日数を次のように計算すると，B➡E➡F（ウ）がクリティカルパスとわかる。

A➡C➡E➡F（ア）　1＋3＋4＋5＝13日
A➡D➡G（イ）　1＋3＋4＝8日
B➡E➡F（ウ）　5＋4＋5＝14日
B➡E➡G（エ）　5＋4＋0＋4＝13日
A➡C➡E➡G　1＋3＋4＋0＋4＝12日

イモヅル復習問題 ➡Q143

正解　ウ

でる度★★★

Q 145

システム開発の進捗管理などに用いられるトレンドチャートの説明はどれか。

ア　作業に関与する人と責任をマトリックス状に示したもの
イ　作業日程の計画と実績を対比できるように帯状に示したもの
ウ　作業の進捗状況と，予算の消費状況を関連付けて折れ線で示したもの
エ　作業の順序や相互関係をネットワーク状に示したもの

サクッと正解

トレンドチャートとは，作業の進捗状況と予算の消費状況を示す折れ線グラフのこと。

イモヅル式解説

トレンドチャートは，作業の進捗状況と，予算の消費状況を関連付けて折れ線グラフで示す図法である（**ウ**）。作業の出来高の時間的な推移を表現するのに適しており，**費用管理**と**進捗管理**を同時に行うことができる。

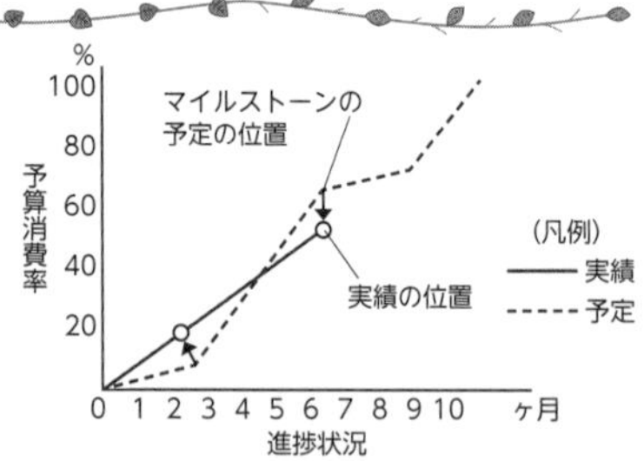

RACIマトリクス	作業に関与する人と責任をマトリックス状に示した責任分担表（**ア**）。個々の作業と担当者の責任を把握できる。
ガントチャート	作業日程の計画と実績を対比できるように帯状に示す図法（**イ**）。作業開始と作業終了の予定と実績，作業中の項目などを把握できる。
アローダイアグラム〔➡Q150〕	作業の順序や相互関係をネットワーク状に示す図法（**エ**）。個々の作業の順序関係，所要日数，余裕日数などを把握できる。

イモヅル復習問題 ➡ Q144

正解 **ウ**

プロジェクトマネジメント

でる度 ★★★

Q146

10人のメンバで構成されているプロジェクトチームにメンバ2人を増員する。次の条件でメンバ同士が打合せを行う場合，打合せの回数は何回増えるか。

〔条件〕
・打合せは1対1で行う。
・各メンバが，他の全てのメンバと1回ずつ打合せを行う。

ア 12
イ 21
ウ 22
エ 42

サクッと正解

打合せの回数は，自分を除いたメンバー数の乗算結果を2で割って求める。10人では10×9÷2＝45回，12人になると12×11÷2＝66回。

イモヅル式解説

まず，10人のメンバで構成されているプロジェクトチームで，1対1で行う打合せの組合せを考える。

自分以外の9人との組合せを考えると，「AB」と「BA」は同じなので、すべての場合の数を2で割ることになる。したがって，
10人×9人÷2＝45通り，となる。

次に，メンバ2人を増員して12人になったときの組合せを考える。
上記と同様に計算すると，12人×11人÷2＝66通り，となる。
求めるのは「何回増えるか」であるので，66－45＝21
2人増員により増える打合せ回数は21回となる。

イモヅル復習問題 ➡ Q011，Q012

正解 イ

でる度★★★

Q 147

システムを構成するプログラムの本数とプログラム1本当たりのコーディング所要工数が表のとおりであるとき，システムを95日間で開発するには少なくとも何人の要員が必要か。ここで，システムの開発にはコーディングのほかに，設計及びテストの作業が必要であり，それらの作業にはコーディング所要工数の8倍の工数が掛かるものとする。

	プログラムの本数	プログラム1本当たりのコーディング所要工数（人日）
入力処理	20	1
出力処理	10	3
計算処理	5	9

ア 8　**イ** 9　**ウ** 12　**エ** 13

サクッと正解

要員の人数は，各処理の所要工数（人日）の合計を計算し，開発日数で割れば算出できる。

イモヅル式解説

設問より，「コーディング所要工数＋そのほかの工数」は，コーディング所要工数に「コーディング所要工数×8」を加えたものとなる。

設問の表にある各処理を計算すると，次のようになる。

入力処理：20本×（1＋1×8）＝180人日
出力処理：10本×（3＋3×8）＝270人日
計算処理：5本×（9＋9×8）＝405人日

全体の所要工数は、これらを合計して，

180人日＋270人日＋405人日＝855人日

全体の所要工数を，システムを開発する95日で割ると，

855人日÷95日＝9人

したがって，必要な要員は9人と算出できる。

正解 イ

でる度 ★★☆

Q 148

表は，1人で行うプログラム開発の開始時点での計画表である。6月1日に開発を開始し，6月11日の終了時点でコーディング作業の25%が終了した。6月11日の終了時点で残っている作業量は全体の約何%か。ここで，開発は，土曜日と日曜日を除く週5日間で行うものとする。

作業	計画作業量（人日）	完了予定日
仕様書作成	2	6月 2日（火）
プログラム作成	5	6月 9日（火）
テスト計画書作成	1	6月10日（水）
コーディング	4	6月16日（火）
コンパイル	2	6月18日（木）
テスト	3	6月23日（火）

ア 30　**イ** 47　**ウ** 52　**エ** 53

サクッと正解

残っている作業量は，終了している作業量を求め，全体の作業量から引けば計算できる。

イモヅル式解説

設問のプログラム開発における全体の作業量は，次の計算により，計画作業量の各作業量の積算である17人日であることがわかる。

計画作業量（人日）2＋5＋1＋4＋2＋3＝17人日

設問より，「6月11日の終了時点でコーディング作業の25%が終了」しているので，終了している作業は，

2＋5＋1＋（4×0.25）＝9人日

全体は17人日なので，残っている作業量は，17－9＝8人日

ここから，残っている作業の割合は，8÷17≒0.4705…

したがって，約47%とわかる。

イモヅル復習問題 ➡ Q147

正解 イ

でる度★★☆

Q 149

二つのアクティビティが次の関係にあるとき，論理的な依存関係はどれか。
“システム要件定義プロセス”が完了すれば，“システム方式設計プロセス”が開始できる。

ア　FF関係（Finish-to-Finish）
イ　FS関係（Finish-to-Start）
ウ　SF関係（Start-to-Finish）
エ　SS関係（Start-to-Start）

サクッと正解

要件定義の完了が方式設計の開始になっているので，論理的な依存関係は**FS関係**（完了－開始）である。

イモヅル式解説

作業工程を表す**プレシデンスダイアグラム法**〈=PDM：Precedence Diagramming Method〉における順序の依存関係に関する問題である。

FF関係〈=Finish-to-Finish；完了−完了〉（**ア**）	アクティビティ①が完了すれば，アクティビティ②を完了できるという関係。例：自家用車を手放したので，自動車保険を解約した
FS関係〈=Finish-to-Start；完了−開始〉（**イ**）	アクティビティ①が完了すれば，アクティビティ②を開始できるという関係。例：手指の消毒と検温が終わったので，入室を許可される
SF関係〈=Start-to-Finish；開始−完了〉（**ウ**）	アクティビティ①を開始すれば，アクティビティ②が完了するという関係。例：コンサートが始まったので，会場への出入りを終了する
SS関係〈=Start-to-Start；開始−開始〉（**エ**）	アクティビティ①を開始すれば，アクティビティ②も開始するという関係。例：ブログを開設すると同時に，アクセス状況を記録し始める

設問では，アクティビティ①として「システム要件定義プロセスが完了」，アクティビティ②として「システム方式設計プロセスが開始」とあるので，**FS関係**（完了－開始）であることがわかる。

正解　**イ**

でる度 ★★★

Q150

ソフトウェア開発プロジェクトにおいてWBS (Work Breakdown Structure) を使用する目的として，適切なものはどれか。

ア 開発の期間と費用がトレードオフの関係にある場合に，総費用の最適化を図る。

イ 作業の順序関係を明確にして，重点管理すべきクリティカルパスを把握する。

ウ 作業の日程を横棒（バー）で表して，作業の開始時点や終了時点，現時点の進捗を明確にする。

エ 作業を階層的に詳細化して，管理可能な大きさに細分化する。

サクッと正解

WBSとは，作業を階層的に詳細化し，管理しやすく細分化する図法。

イモヅル式解説

WBS〈＝Work Breakdown Structure〉は，プロジェクトチームが実行すべき作業を上位から下位へ階層的に分解した図法である。作業を階層的に詳細化し，管理可能な大きさに細分化する（**エ**）目的で使用する。

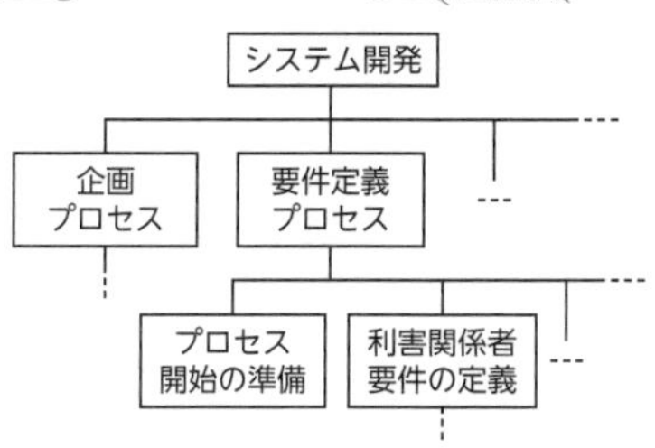

EVM〈Earned Value Management；アーンドバリュー分析〉	作業の進捗状況を定量的に実績を管理する手法。開発の期間と費用がトレードオフの関係にある場合に，総費用の最適化を図る（**ア**）目的で使用する。
アローダイアグラム〔➡Q145〕	作業の順序と所要日数を視覚的に表現する図法。作業の順序関係を明確にし，**クリティカルパス**〔➡Q144〕を把握する（**イ**）目的で使用する。
ガントチャート〔➡Q145〕	工程管理において作業の日程を横棒（バー）で表し，作業の開始や終了，現時点の進捗を明確にする（**ウ**）目的で使用する。

イモヅル復習問題 ➡Q145

正解 **エ**

でる度★★☆

Q151

サービスマネジメントシステムにPDCA方法論を適用するとき，Actに該当するものはどれか。

ア　サービスの設計，移行，提供及び改善のためにサービスマネジメントシステムを導入し，運用する。

イ　サービスマネジメントシステム及びサービスのパフォーマンスを継続的に改善するための処置を実施する。

ウ　サービスマネジメントシステムを確立し，文書化し，合意する。

エ　方針，目的，計画及びサービスの要求事項について，サービスマネジメントシステム及びサービスを監視，測定及びレビューし，それらの結果を報告する。

サクッと正解

PDCAのActは，改善のための処置を実施することが該当する。

イモヅル式解説

サービスマネジメントとは，顧客に対して価値あるサービスを提供するための調整・管理の活動である。**PDCAサイクル**は，Plan（計画）→Do（実行）→Check（確認・評価）→Act（改善）のサイクルにより，業務を継続的に改善していく手法である。

Plan（計画）	サービスマネジメントシステムを確立し，文書化し，合意する（**ウ**）。
Do（実行）	サービスの設計，移行，提供及び改善のためにサービスマネジメントシステムを導入し，運用する（**ア**）。
Check（確認・評価）	方針，目的，計画及びサービスの要求事項について，サービスマネジメントシステム及びサービスを監視，測定及びレビューし，それらの結果を報告する（**エ**）。
Act（改善）	サービスマネジメントシステム及びサービスのパフォーマンスを継続的に改善するための処置を実施する（**イ**）。

正解　**イ**

でる度★★★

Q152 **ミッションクリティカルシステムの意味として，適切なものはどれか。**

ア OSなどのように，業務システムを稼働させる上で必要不可欠なシステム

イ システム運用条件が，性能の限界に近い状態の下で稼働するシステム

ウ 障害が起きると，企業活動や社会に重大な影響を及ぼすシステム

エ 先行して試験導入され，成功すると本格的に導入されるシステム

サクッと正解

ミッションクリティカルシステムとは，障害が起きると，企業活動や社会に重大な影響を及ぼすシステムのこと。

イモヅル式解説

ミッションクリティカルシステムは，任務や業務の遂行に必要不可欠な要素のことである。一般的には，金融システムや交通システムなどの基幹システムを指すことが多い。

ミッションクリティカルシステムに対しては，障害（エラー）が起こらないようにあらゆる対策を講じなければならない。

ちょっと深掘り **既知の誤り**

ITサービスマネジメントにおける既知の誤り（既知のエラー）とは，根本原因が特定されているか，ワークアラウンドと呼ばれる回避策が存在していて，サービスの影響を低減または除去する方法があることがわかっている問題のこと。

正解 ウ

でる度★☆☆

Q153 **サービスマネジメントシステムにおけるサービスの可用性はどれか。**

ア　あらかじめ合意された時点又は期間にわたって，要求された機能を実行するサービス又はサービスコンポーネントの能力

イ　計画した活動が実行され，計画した結果が達成された程度

ウ　合意したレベルでサービスを継続的に提供するために，サービスに深刻な影響を及ぼす可能性のあるリスク及び事象を管理する能力

エ　サービスの要求事項を満たし，サービスの設計，移行，提供及び改善のために，サービス提供者の活動及び資源を，指揮し，管理する，一連の能力及びプロセス

サクッと正解

サービスの**可用性**とは，要求されたときに要求された機能を実行できる能力のこと。

イモヅル式解説

サービスマネジメントシステムにおけるサービスの**可用性**は，あらかじめ合意された時点または期間にわたり，要求された機能を実行するサービスや，サービスを構成する部品であるコンポーネントの能力である（**ア**）。

有効性	計画した活動が実行され，計画した結果が達成された程度（**イ**）。JIS Q 20000（情報技術サービスマネジメント）による定義。
継続性	合意したレベルでサービスを継続的に提供するために，サービスに深刻な影響を及ぼす可能性のあるリスク及び事象を管理する能力（**ウ**）。
サービスマネジメント	サービスの要求事項を満たし，サービスの設計，移行，提供及び改善のために，サービス提供者の活動及び資源を指揮・管理する一連の能力及びプロセス（**エ**）。

正解　**ア**

でる度★★☆

Q 154 **システムの移行計画に関する記述のうち，適切なものはどれか。**

ア　移行計画書には，移行作業が失敗した場合に旧システムに戻す際の判断基準が必要である。

イ　移行するデータ量が多いほど，切替え直前に一括してデータの移行作業を実施すべきである。

ウ　新旧両システムで環境の一部を共有することによって，移行の確認が容易になる。

エ　新旧両システムを並行運用することによって，移行に必要な費用が低減できる。

サクッと正解

システムの移行計画では，失敗した場合に備えた判断基準を示す必要がある。

イモヅル式解説

システムの移行では，移行作業にトラブルがあった場合，旧システムへ戻す作業が必要になることがある。**システムの移行計画**には，どのような状況で移行を中止して旧システムに戻すのか，あるいは移行作業の継続を試みるのかという「判断基準」が必要（**ア**）になる。

そのほかの選択肢の内容も確認しておこう。

- 移行するデータ量が多いほど，直前に一括（**イ**）ではなく，**分割してデータ移行**を実施すべきなので，適切ではない。
- 新旧両システムで環境の一部を共有する（**ウ**）と，両方稼働しているため、新旧どちらで処理しているかの確認が困難になり，適切ではない。
- 新旧両システムを並行運用した（**エ**）からといって，移行に必要な費用が低減されるわけではなく，両方稼働していることで費用が増加すると考えられ，適切ではない。

正解　ア

Q155

システムの費用を表すTCO（総所有費用）の意味として，適切なものはどれか。

ア　業務システムの開発に関わる費用の総額
イ　システム導入から運用及び維持・管理までを含めた費用の総額
ウ　システム導入時の費用の総額
エ　通信・ネットワークに関わるシステムの運用費用の総額

サクッと正解

TCOとは，システム導入から運用及び維持・管理までを含めた費用の総額。

イモヅル式解説

TCO〈=Total Cost of Ownership；総所有費用〉は，システム導入時に発生する費用と，導入後に発生する運用費や管理費の総額（**イ**）である。TCOは，初期費用である**イニシャルコスト**と，導入後の運用費用である**ランニングコスト**に分類できる。

業務システムの開発に関わる費用の総額（**ア**）は，開発費としてイニシャルコストに含められる。

イニシャルコスト	システム導入時に発生する費用の総額（**ウ**）。初期費，開発費（**ア**），導入費などが含まれる。
ランニングコスト	システムの運用及び維持・管理までを含めた費用の総額。

ちょっと深堀り　ニューメリックチェック

ニューメリックチェック〈=Numeric Check〉とは，費用などの数値として扱う必要のあるデータに，数値として扱えない文字のようなものが含まれていないかどうかをチェックすること。

正解　**イ**

でる度★★★

Q156

キャパシティ管理における将来のコンポーネント，並びにサービスの容量・能力及びパフォーマンスを予想する活動のうち，傾向分析はどれか。

ア　特定の資源の利用状況を時系列に把握して，将来における利用の変化を予測する。
イ　待ち行列理論などの数学的技法を利用して，サービスの応答時間及びスループットを予測する。
ウ　模擬的にトランザクションを発生させて，サービスの応答時間及びスループットを予測する。
エ　モデル化の第一段階として，現在達成されているパフォーマンスを正確に反映したモデルを作成する。

サクッと正解

傾向分析とは，将来における利用の変化を予測するための分析手法。

イモヅル式解説

キャパシティ管理は，システムの処理能力を最適に管理するプロセスである。**傾向分析**（**トレンド分析**）は，特定の資源の利用状況を時系列に把握し，将来における利用の変化を予測する分析手法である（**ア**）。

数値解析モデル	行列の待ち時間や混雑度合いを解析する**待ち行列理論**などの数学的技法を利用し，サービスの応答時間及び処理速度である**スループット**〔➡**Q057**〕を予測する手法（**イ**）。
シミュレーションモデル	サービスの一連の処理である**トランザクション**〔➡**Q079**〕を，想定する場面を再現して模擬的に発生させ，サービスの応答時間及びスループットを予測する手法（**ウ**）。
ベースラインモデル	ベースラインのモデル化の第一段階として，現在達成されているパフォーマンス（性能や処理能力）を正確に反映したモデルを作成する手法（**エ**）。

正解　**ア**

でる度 ★★☆

Q 157 **ITサービスマネジメントの活動のうち，インシデント及びサービス要求管理として行うものはどれか。**

ア　サービスデスクに対する顧客満足度が合意したサービス目標を満たしているかどうかを評価し，改善の機会を特定するためにレビューする。

イ　ディスクの空き容量がしきい値に近づいたので，対策を検討する。

ウ　プログラムを変更した場合の影響度を調査する。

エ　利用者からの障害報告を受けて，既知の誤りに該当するかどうかを照合する。

サクッと正解

インシデント管理及び**サービス要求管理**では，障害報告を過去の事例と照合する。

イモヅル式解説

ITサービスマネジメントの活動における**インシデント**とは，サービスの停止や品質の低下などに影響を与える可能性のある出来事という意味である。

利用者からの障害報告が既知の誤りであれば，迅速に対応できる可能性があるので，**既知の誤り**（**既知のエラー**）に該当するかどうかを照合する（**エ**）。これは，**インシデント及びサービス要求管理**のプロセスで行うものである。

そのほかの選択肢の内容も確認しよう。

- サービスデスクに対する顧客満足度が合意したサービス目標を満たしているかどうかを評価し，改善の機会を特定するためにレビューする（**ア**）のは，**サービスレベル管理**（**SLM**）〔➡Q161〕で行う。
- ディスクの空き容量がしきい値に近づいたので，対策を検討する（**イ**）のは，**キャパシティ管理**〔➡Q156〕で行う。
- プログラムを変更した場合の影響度を調査する（**ウ**）のは，**変更管理**で行う。

イモヅル復習問題 ➡Q156

正解 **エ**

でる度★★★

Q158

情報システムの安全性や信頼性を向上させる考え方のうち，フェールセーフはどれか。

ア　システムが部分的に故障しても，システム全体としては必要な機能を維持する。

イ　システム障害が発生したとき，待機しているシステムに切り替えて処理を続行する。

ウ　システムを構成している機器が故障したときは，システムが安全に停止するようにして，被害を最小限に抑える。

エ　利用者が誤った操作をしても，システムに異常が起こらないようにする。

サクッと正解

フェールセーフとは，故障時に安全に停止させる仕組みや考え方。

イモヅル式解説

フェールセーフは，機器の故障や誤操作などの際に，システムが安全に停止するようにすることで，被害を最小限に抑える仕組みや考え方である（**ウ**）。たとえば，「信号機が故障したとき，交通事故を防ぐために赤点滅と黄点滅を表示する」などがある。

フェールソフト	システムが部分的に故障しても，システム全体としては必要な機能を維持する仕組みや考え方（**ア**）。
フォールトトレラント	システム障害が発生したとき，待機しているシステムに切り替えて処理を続行する仕組みや考え方（**イ**）。
フールプルーフ	利用者が誤操作をしても，システムに異常が起こらないようにする仕組みや考え方（**エ**）。
フォールトアボイダンス	故障発生時に対処するのではなく，品質管理などによりシステム構成要素の信頼性を高めて障害を発生させないようにする仕組みや考え方。
フォールトマスキング	故障発生時に，その影響が外部に出ないように訂正する仕組みや考え方。

正解　**ウ**

でる度★★☆

Q159

サービスデスク組織の構造とその特徴のうち，ローカルサービスデスクのものはどれか。

ア　サービスデスクを1拠点又は少数の場所に集中することによって，サービス要員を効率的に配置したり，大量のコールに対応したりすることができる。

イ　サービスデスクを利用者の近くに配置することによって，言語や文化が異なる利用者への対応，専用要員によるVIP対応などができる。

ウ　サービス要員が複数の地域や部門に分散していても，通信技術の利用によって単一のサービスデスクであるかのようにサービスが提供できる。

エ　分散拠点のサービス要員を含めた全員を中央で統括して管理することによって，統制の取れたサービスが提供できる。

サクッと正解

ローカルサービスデスクとは，サービスデスクを利用者の近くに配置するサービスデスク組織の構造。

イモヅル式解説

ローカルサービスデスクは，サービスデスクを利用者の拠点と同じ場所か，物理的に近い場所に配置する形態である。言語や文化が異なる利用者への対応，専用要員によるVIP対応などが可能となる（**イ**）。

中央サービスデスク	サービスデスクを1拠点や少数拠点に集中させる形態。サービス要員の効率的な配置，大量のコールへの対応などができる（**ア**）。
バーチャルサービスデスク	サービス要員が複数の地域や部門に分散していても，通信技術の利用により単一のサービスデスクであるかのようにサービスが提供できる（**ウ**）。
フォローザサン〈=Follow the Sun〉	分散拠点のサービス要員を中央で統括して管理するサービスデスクの形態。時差を利用して24時間いつでも統制の取れたサービスが提供できる（**エ**）。

イモヅル復習問題 ➡ Q157

正解　**イ**

でる度 ★★★

Q 160 **システムの開発部門と運用部門が別々に組織化されているとき，システム開発を伴う新規サービスの設計及び移行を円滑かつ効果的に進めるための方法のうち，適切なものはどれか。**

ア　運用テストの完了後に，開発部門がシステム仕様と運用方法を運用部門に説明する。

イ　運用テストは，開発部門の支援を受けずに，運用部門だけで実施する。

ウ　運用部門からもシステムの運用に関わる要件の抽出に積極的に参加する。

エ　開発部門は運用テストを実施して，運用マニュアルを作成し，運用部門に引き渡す。

サクッと正解

新しいサービスの設計や移行を円滑にするためには，運用部門も要件抽出に積極的に関わるべきである。

イモヅル式解説

設計や移行を円滑にするためには，システムの運用に関わる要件の抽出など，**運用部門も積極的に参加**する（**ウ**）ことが大切である。

そのほかの選択肢の内容も確認しよう。

- **運用テスト**は，システムを実際に利用する**運用部門の主導**で行われる。システム仕様と運用方法は，運用テスト前に説明すべきであり，運用テストの完了後に運用部門に説明する（**ア**）のは適切ではない。
- 運用テストは，運用部門の主導で行われるが，**開発部門の支援**を受けることは適切な対応なので，運用部門だけで実施する（**イ**）のは適切ではない。
- 運用テストを実施するのは運用部門であり，開発部門はサポートする側である。**運用マニュアル**を作成するのは運用部門であるので，開発部門が運用マニュアルを作成して運用部門に引き渡す（**エ**）のは適切ではない。

正解 **ウ**

でる度★★★

Q161 サービスマネジメントのプロセス改善における**ベンチマーキング**はどれか。

ア ITサービスのパフォーマンスを財務，顧客，内部プロセス，学習と成長の観点から測定し，戦略的な活動をサポートする。

イ 業界内外の優れた業務方法（ベストプラクティス）と比較して，サービス品質及びパフォーマンスのレベルを評価する。

ウ サービスのレベルで可用性，信頼性，パフォーマンスを測定し，顧客に報告する。

エ 強み，弱み，機会，脅威の観点からITサービスマネジメントの現状を分析する。

サクッと正解

ベンチマーキングとは，他社のベストプラクティスと自社を比較する評価手法のこと。

イモヅル式解説

ベンチマーキングは，業界内外の優れた業務方法である**ベストプラクティス**と比較し，サービス品質及びパフォーマンスのレベルを評価する手法である（**イ**）。

BSC〈=Balanced Score Card；バランススコアカード〉〔➡Q203〕	ITサービスなどのパフォーマンスを，財務，顧客，内部プロセス，学習と成長の4つの観点から測定し，戦略的な活動をサポートする業績評価の手法（**ア**）。
SLM〈=Service Level Management〉	サービスのレベルで可用性，信頼性，パフォーマンスを測定し，顧客に報告するサービスレベル管理手法（**ウ**）。SLA〔➡Q162〕と合わせて理解しよう。
SWOT分析〔➡Q196〕	自社の強みと弱み，外部環境の機会と脅威の4つの観点から，将来の戦略の策定のために現状を分析する手法（**エ**）。

正解 **イ**

Q162

次の条件でITサービスを提供している。SLAを満たすことができる，1か月のサービス時間帯中の停止時間は最大何時間か。ここで，1か月の営業日数は30日とし，サービス時間帯中は，保守などのサービス計画停止は行わないものとする。

〔SLAの条件〕
・サービス時間帯は，営業日の午前8時から午後10時までとする。
・可用性を99.5%以上とする。

ア 0.3
イ 2.1
ウ 3.0
エ 3.6

サクッと正解

SLAを満たす最大停止時間は，サービス提供時間の0.5％に相当する停止時間であり，「14時間×30日×0.5％＝2.1時間」と計算できる。

イモヅル式解説

1日のサービス提供時間は，サービス時間帯が「営業日の午前8時から午後10時まで」なので，**14**時間であることがわかる。

1か月のサービス提供時間は，「1か月の営業日数は**30**日」なので，

14時間×30日＝**420**時間

サービス水準の合意である**SLA**〈=Service Level Agreement〉で要求されている**可用性**は99.5％以上なので，サービス提供時間内の停止時間の割合は**0.5％以下**にしなければならない。

1か月間のサービス提供時間「420時間」の0.5％を計算すると，

420時間×0.005＝**2.1**時間

イモヅル復習問題 ➡ Q161

正解 イ

Q163

事業継続計画で用いられる用語であり，インシデントの発生後，次のいずれかの事項までに要する時間を表すものはどれか。

(1) 製品又はサービスが再開される。
(2) 事業活動が再開される。
(3) 資源が復旧される。

ア MTBF　**イ** MTTR　**ウ** RPO　**エ** RTO

サクッと正解

再開・復旧までにかかる目標復旧時間は，**RTO**である。

イモヅル式解説

RTO〈=Recovery Time Objective〉は，インシデントの発生などで事業が中断してから再開・復旧までにかかる時間を示す「目標復旧時間」である。

用語	説明
MTBF〈=Mean Time Between Failures〉（ア）〔➡Q052〕	修理が完了し，稼働が再開してから再び故障するまでの「平均故障間隔」。
MTTR〈=Mean Time To Repair〉（イ）〔➡Q052〕	修理のために稼働が停止している「平均修復時間」。
RPO〈=Recovery Point Objective〉（ウ）	バックアップから復元する際に，過去のどの時点まで遡るかを表す「目標復旧時点」。

ちょっと深堀り　ディザスタリカバリ

ディザスタリカバリ〈=Disaster Recovery〉は，災害などによる被害からの回復措置や，被害を軽減するための予防措置である。「災害復旧対策」とも呼ばれる。

イモヅル復習問題 ➡Q052

正解　エ

でる度★★☆

Q164

ディスク障害時に，フルバックアップを取得してあるテープからディスクにデータを復元した後，フルバックアップ取得時以降の更新後コピーをログから反映させてデータベースを回復する方法はどれか。

ア チェックポイントリスタート
イ リブート
ウ ロールバック
エ ロールフォワード

サクッと正解

更新後コピーをログから反映させてデータベースを回復する方法は，**ロールフォワード**である。

イモヅル式解説

ロールフォワード（**エ**）は，障害発生時にフルバックアップを取得してあるメディアからディスクにデータを復元したあと，フルバックアップ取得時以降の更新後コピーをログから反映させ，データ更新が終わった状態までデータベースを回復させる方法である。これは**前進復帰**とも呼ばれる処理である。

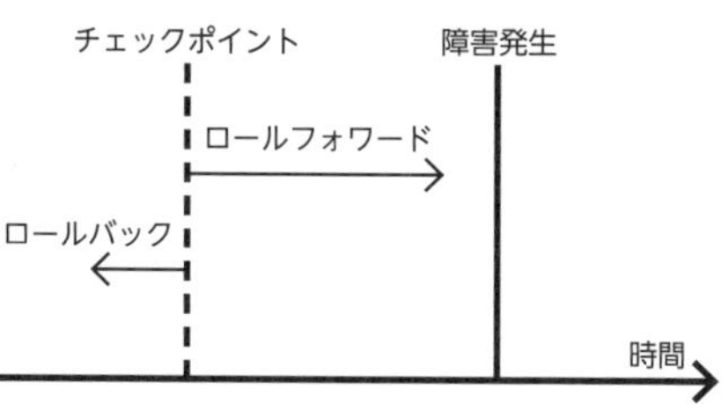

チェックポイントリスタート（**ア**）	時刻や番号などが記録されているデータであるチェックポイントを保存しておき，障害発生時に直前のチェックポイントまで処理を戻して回復を試みる処理。
リブート（**イ**）	障害発生時などに，システムを回復するためにシステムを再起動すること。
ロールバック（**ウ**）	障害が発生した処理の開始前の状態に戻すこと。

イモヅル復習問題 ➡ Q078

正解 エ

Q165

落雷によって発生する過電圧の被害から情報システムを守るための手段として，有効なものはどれか。

ア　サージ保護デバイス（SPD）を介して通信ケーブルとコンピュータを接続する。
イ　自家発電装置を設置する。
ウ　通信線を，経路が異なる2系統とする。
エ　電源設備の制御回路をディジタル化する。

サクッと正解

過電圧から情報システムを守るための機器は，**SPD**である。

イモヅル式解説

SPD〈=Surge Protective Device〉は，電源装置の異常や落雷などにより発生する過電圧の被害から情報システムを保護するための手段として用いられる避雷器である。SPDを介して通信ケーブルとコンピュータを接続する（**ア**）ことは，落雷で発生する過電圧への対策となる。

- 自家発電装置は停電対策なので，自家発電装置を設置しても（**イ**）過電圧から情報システムを守るための手段にはならない。
- 通信線を2系統にする（**ウ**）と，故障に対する**可用性**は向上するが，落雷によって発生する過電圧への対策にはならない。
- 制御回路をディジタル化しても（**エ**），過電圧から情報システムを守るための手段にはならない。

ちょっと深堀り　情報システムを守る主な機器

AVR〈=Automatic Voltage Regulator〉	電圧を安定させるための自動電圧調整器。
CVCF〈=Constant Voltage Constant Frequency〉	電圧と周波数を安定させる定電圧定周波数装置。
UPS〈=Uninterruptible Power Supply〉	電源の瞬断に対処したり停電時にシステムを終了したりするのに必要な時間だけ電力を供給することを目的とした無停電電源装置。

正解　**ア**

Q 166 **“システム監査基準” における，組織体がシステム監査を実施する目的はどれか。**

ア　自社の強み・弱み，自社を取り巻く機会・脅威を整理し，新たな経営戦略・事業分野を設定する。

イ　システム運用部門によるテストによって，社内ネットワーク環境の脆(ぜい)弱性を知り，ネットワーク環境を整備する。

ウ　情報システムにまつわるリスクに対するコントロールの整備・運用状況を評価し，改善につなげることによって，ITガバナンスの実現に寄与する。

エ　ソフトウェア開発の生産性のレベルを客観的に知り，開発組織の能力を向上させるために，より高い生産性レベルを目指して取り組む。

サクッと正解

システム監査の目的は，**ITガバナンス**の実現に寄与すること。

イモヅル式解説

システム監査を実施する目的は，情報システムのリスクに対するコントロールの整備・運用状況を評価し，改善につなげることにより，ITに関わる企業統治である**ITガバナンス**の実現に寄与すること（**ウ**）。

- 自社の強み・弱み，自社を取り巻く機会・脅威を整理し，新たな経営戦略・事業分野を設定する（**ア**）ことは，システム監査ではなく，**SWOT分析**〔➡Q196〕を実施する目的である。
- システム運用部門によるテストで社内ネットワーク環境の脆弱性を知り，ネットワーク環境を整備する（**イ**）ことは，システム監査ではなく，セキュリティ対策である。
- ソフトウェア開発の生産性のレベルを客観的に知り，開発組織の能力を向上させるために，より高い生産性レベルを目指して取り組む（**エ**）ことは，ソフトウェア開発組織及びプロジェクトのプロセスの成熟度を評価するためのモデルである**CMMI**〈=Capability Maturity Model Integration〉を導入する目的である。

正解　**ウ**

でる度★★★

Q 167 **情報システム部が開発して経理部が運用している会計システムの運用状況を，経営者からの指示で監査することになった。この場合におけるシステム監査人についての記述のうち，最も適切なものはどれか。**

ア　会計システムは企業会計に関する各種基準に準拠すべきなので，システム監査人を公認会計士とする。
イ　会計システムは機密性の高い情報を扱うので，システム監査人は経理部長直属とする。
ウ　システム監査を効率的に行うために，システム監査人は情報システム部長直属とする。
エ　独立性を担保するために，システム監査人は情報システム部にも経理部にも所属しない者とする。

サクッと正解

システム監査人には，監査人としての独立性を担保するため，監査対象に所属していない者が適任である。

イモヅル式解説

システム監査人の**独立性**を担保するために，被監査部門である情報システム部にも経理部にも所属しない者をシステム監査人とする（**エ**）ことが最も適切である。

そのほかの選択肢の内容も確認しよう。

- 会計システムは企業会計に関する各種基準に準拠すべきであるが，設問は会計監査ではなく，会計システムの運用状況の監査なので，システム監査人を公認会計士とする（**ア**）必要はない。
- 会計システムは機密性の高い情報を扱うことは正しいが，被監査部門である経理部の部長直属がシステム監査人（**イ**）では，監査人の独立性が担保できない。
- システムに精通した者が監査を行うことは効率的ではあるが，監査対象である会計システムの開発当事者である情報システム部の部長直属がシステム監査人（**ウ**）では，監査人の独立性が担保できない。

正解　**エ**

でる度 ★★☆

Q168

システム監査人がインタビュー実施時にすべきことのうち，最も適切なものはどれか。

ア　インタビューで監査対象部門から得た情報を裏付けるための文書や記録を入手するよう努める。
イ　インタビューの中で気が付いた不備事項について，その場で監査対象部門に改善を指示する。
ウ　監査対象部門内の監査業務を経験したことのある管理者をインタビューの対象者として選ぶ。
エ　複数の監査人でインタビューを行うと記録内容に相違が出ることがあるので，1人の監査人が行う。

サクッと正解

システム監査人がインタビュー後にすべきことの1つは，裏付けとなる文書や記録などの入手に努めることである。

イモヅル式解説

システム監査人〔➡Q167〕がインタビューで監査対象部門から得た情報を裏付けるための文書や記録を入手するよう努める（**ア**）ことは，監査証拠を収集することであり，適切である。

そのほかの選択肢の内容も確認しよう。

- 監査結果や改善提案などの通知は，監査終了後にシステム監査報告書などによって行うので，システム監査人がインタビューの中で気が付いた不備事項について，その場で監査対象部門に改善を指示する（**イ**）ことは，適切ではない。
- たとえ監査業務を経験したことのある管理者であっても，インタビューの対象者として監査対象部門内の者を選ぶ（**ウ**）ことは，監査人の**独立性**〔➡Q167〕が担保できないので，適切ではない。
- 複数の監査人でインタビューを行う（**エ**）ことは，監査人の見解の偏りを抑えることにつながるので，1人の監査人が行うよりも適切である。

イモヅル復習問題 ➡ Q167

正解　**ア**

Q169

システムテストの監査におけるチェックポイントのうち，最も適切なものはどれか。

ア　テストケースが網羅的に想定されていること
イ　テスト計画は利用者側の責任者だけで承認されていること
ウ　テストは実際に業務が行われている環境で実施されていること
エ　テストは利用者側の担当者だけで行われていること

サクッと正解

システムテストの監査におけるチェックポイントの1つは，テストケースの網羅性である。

イモヅル式解説

テストケースが設計に基づいて網羅的に挙げられていること（**ア**）は，**システムテスト**の監査におけるチェックポイントになる。テストケースで漏れている箇所がトラブルのもとになる可能性があるからである。

そのほかの選択肢の内容も確認しよう。

- システムテストの監査は，利用者側だけではなく，そのシステムの開発側も関係するので，利用者側と開発者側の双方の参画が欠かせない。テスト計画が利用者側の責任者だけで承認されていること（**イ**）や，利用者側の担当者だけでテストされていること（**エ**）は，システムテストの監査において適切ではないとされるチェックポイントに該当する。
- システムテストが，実際に業務が行われている環境で実施されていること（**ウ**）は適切ではなく，実際に業務が行われている環境とは隔離された環境でテストを実施するのが適切である。

ちょっと深掘り　ステークホルダ

ステークホルダ〈=Stakeholder〉は利害関係者とも呼ばれ，利用者や開発者など，何らかの影響や利害関係が生じる者すべてを含んだ総称である。

正解　**ア**

Q 170 **アクセス制御を監査するシステム監査人の行為のうち，適切なものはどれか。**

ア　ソフトウェアに関するアクセス制御の管理台帳を作成し，保管した。
イ　データに関するアクセス制御の管理規程を閲覧した。
ウ　ネットワークに関するアクセス制御の管理方針を制定した。
エ　ハードウェアに関するアクセス制御の運用手続を実施した。

サクッと正解

システム監査人の行為1つは，必要な管理規程を閲覧することである。

イモヅル式解説

データに関するアクセス制御の管理規程を閲覧する（**イ**）ことは，アクセス制御を監査する**システム監査人**〔➡Q167〕の行為として必要性が認められるので，適切である。

そのほかの選択肢の内容も確認しよう。

- アクセス制御を監査するシステム監査人が，ソフトウェアに関するアクセス制御の管理台帳を作成して保管する（**ア**）ことは，監査人が被監査部門の当事者になることであり，適切ではない。
- ネットワークに関するアクセス制御の管理方針を制定する（**ウ**）ことは，アクセス制御を監査したあとの指摘事項の改善につながるが，ネットワークを管理する部門が行うべき業務であり，システム監査人の役割ではないので，適切ではない。
- ハードウェアに関するアクセス制御の運用手続を実施する（**エ**）ことは，アクセス制御を監査するシステム監査人としての業務ではないので，適切ではない。

イモヅル復習問題 ➡Q169　正解 イ

COLUMN

午前試験と午後試験の関係

本書は，基本情報技術者試験の午前試験に的を絞った対策書である。とはいえ，「午後試験には役に立たない」と思うのは早計である。

本書では試験で問われるテクノロジ系を中心に，マネジメント系やストラテジ系の分野も網羅している。午後試験だからといって，午前試験とまったく別のテーマが出されるわけではなく，**午前試験と同様の知識**が形を変えて出されることが多い。午前の四択問題に比べれば問題文が長いので，要領よく読んで的確に選択することに慣れるなどの対策は考えられるが，**用語の知識や計算の方法**などは，午前試験対策として**本書で学んだことをそのまま活用**できる。

一通りの学習を終えた人が，出題範囲全体を俯瞰したり，なじみのないキーワードを手早く確認したり，最新の出題傾向を把握したりする目的で，コンパクトな本書を手にするのもよいだろう。加えて，実務や別の学習などで身につけたアルゴリズムやプログラム言語に関する知識やスキルがあれば，午後試験も突破できるはずである。

さらに言えば，午前試験対策として，本書に出てくるキーワードや考え方を身につけ，確認しておくことは，ITを活用した**業務に関する基本的な事項を理解し，活用できる**ようになるということであり，情報戦略に関する予測・分析・評価・提案などの**基本的な能力を磨くことにもつながっている。**

国家試験に合格するためだけの単なる試験勉強と捉えるか，今の時代に欠かせないITの基本知識を体系的に学習するチャンスと捉えるかは，読者の皆さんの心一つである。

第3章

ストラテジ系

第3章では，ストラテジ系を学習する。
午前試験でのストラテジ系の出題は20問で，午前試験全体の25%に相当する。経営戦略やマーケティングなどの基礎的なテーマが出題されると同時に，ビッグデータ，シェアリングエコノミー，仮想通貨（暗号資産）マイニング，RPA，クラウドファンディングなど，新聞やニュースなどで目にする比較的新しいキーワードも登場する分野である。苦手意識を感じている人も，国家試験の勉強と構えず，気軽に読み進めてほしい。

でる度★★★

Q171

情報化投資において，リスクや投資価値の類似性でカテゴリ分けし，最適な資源配分を行う際に用いる手法はどれか。

ア 3C分析
イ ITポートフォリオ
ウ エンタープライズアーキテクチャ
エ ベンチマーキング

サクッと正解

情報化投資を最適化するための手法は，**ITポートフォリオ**である。

イモヅル式解説

ITポートフォリオ（**イ**）は，情報化投資において，リスクや投資価値の類似性でカテゴリ分けし，最適な資源配分を行う際に用いる分析や管理の手法である。

3C分析（**ア**）	顧客（Customer）のニーズや市場規模，自社（Company）の競争力，競合他社（Competitor）の状況の3つの観点から経営環境を分析する手法。
エンタープライズアーキテクチャ（**ウ**）	現状の業務と情報システムの全体像を可視化し，将来のあるべき姿を設定して，全体最適化を行うための手法。
ベンチマーキング（**エ**）〔➡Q161〕	自社の製品やサービスを測定し，他社の優れた製品やサービスと比較する手法。
RFM分析	Recency（最新購買日），Frequency（購買頻度），Monetary（累計購買金額）の3つの観点から分析する手法。
コーホート分析	時代，年齢，世代の3つの要因に分解して分析する手法。
ファイブフォース分析	供給企業の交渉力，買い手の交渉力，競争企業間の敵対関係，新規参入者の脅威，代替品の脅威の5つの観点から分析する手法。

正解 **イ**

でる度 ★☆☆

Q 172 **IT投資評価を，個別プロジェクトの計画，実施，完了に応じて，事前評価，中間評価，事後評価を行う。事前評価について説明したものはどれか。**

ア 計画と実績との差異及び原因を詳細に分析し，投資額や効果目標の変更が必要かどうかを判断する。

イ 事前に設定した効果目標の達成状況を評価し，必要に応じて目標を達成するための改善策を検討する。

ウ 投資効果の実現時期と評価に必要なデータ収集方法を事前に計画し，その時期に合わせて評価を行う。

エ 投資目的に基づいた効果目標を設定し，実施可否判断に必要な情報を上位マネジメントに提供する。

サクッと正解

事前評価の1つは，投資目的に基づいた効果目標を設定し，判断に必要な情報を提供することである。

イモヅル式解説

設問のように**IT投資評価**を3つのフェーズに区切ると，下表のように分類される。

事前評価	投資計画を評価し，実行の可否を判断する。
中間評価	実施した投資の実績を評価し，修正案などを判断する。
事後評価	完了した投資の目的や効果を評価し，改善策などを判断する。

計画と実績との差異及び原因を詳細に分析し，投資額や効果目標の変更が必要かどうかを判断したり（**ア**），事前に設定した効果目標の達成状況を評価し，必要に応じて目標を達成するための改善策を検討したり（**イ**）することは，「変更が必要かどうか」や「必要に応じて〜改善策を検討」という記述から，**中間評価**として行われることがわかる。

投資効果の実現時期と評価に必要なデータ収集方法を事前に計画し，その時期に合わせて評価を行う（**ウ**）ことは，「その時期に合わせて」という記述から，**事後評価**として行われることがわかる。

正解 **エ**

でる度★★★

Q173 ROIを説明したものはどれか。

ア　一定期間におけるキャッシュフロー（インフロー，アウトフロー含む）に対して，現在価値でのキャッシュフローの合計値を求めるものである。
イ　一定期間におけるキャッシュフロー（インフロー，アウトフロー含む）に対して，合計値がゼロとなるような，割引率を求めるものである。
ウ　投資額に見合うリターンが得られるかどうかを，利益額を分子に，投資額を分母にして算出するものである。
エ　投資による実現効果によって，投資額をどれだけの期間で回収可能かを定量的に算定するものである。

サクッと正解

ROIとは，利益額と投資額により投資するか否かを判断する指標。

イモヅル式解説

ROI〈=Return On Investment；投下資本利益率〉は，投資額に見合うリターンが得られるかどうかを判断するために，利益額を分子に，投資額を分母にして算出するものである（**ウ**）。

NPV法〈=Net Present Value Method；正味現在価値法〉	一定期間の現金の流れであるキャッシュフロー（流入のインフロー，流出のアウトフロー含む）に対して，現在価値でのキャッシュフローの合計値を求める（**ア**），投資判断に用いられる指標。
IRR法〈=Internal Rate of Return Method；内部収益率法〉	一定期間の現金の流れであるキャッシュフロー（流入のインフロー，流出のアウトフロー含む）に対して，合計値がゼロとなるような割引率を求める（**イ**），投資判断に用いられる指標。
回収期間法	投資による実現効果によって，投資額をどれだけの期間で回収可能かを定量的に算定する（**エ**），投資判断に用いられる指標。

正解　**ウ**

Q174

投資案件において，5年間の投資効果をROI（Return On Investment）で評価した場合，四つの案件a～dのうち，最もROIが高いものはどれか。ここで，割引率は考慮しなくてもよいものとする。

a

年目		1	2	3	4	5
利益		15	30	45	30	15
投資額	100					

b

年目		1	2	3	4	5
利益		105	75	45	15	0
投資額	200					

c

年目		1	2	3	4	5
利益		60	75	90	75	60
投資額	300					

d

年目		1	2	3	4	5
利益		105	105	105	105	105
投資額	400					

ア a　**イ** b　**ウ** c　**エ** d

サクッと正解

「ROI（%）＝利益÷投資額×100」で計算する。

イモヅル式解説

ROI〔➡Q173〕とは，自己資本に対し，どれだけの利益を生み出したかを表す指標のこと。4つの案件a～dのROIは次のようになる。

a（ア）　（15＋30＋45＋30＋15）÷**100**×100＝**135**（%）

b（イ）　（105＋75＋45＋15＋0）÷**200**×100＝**120**（%）

c（ウ）　（60＋75＋90＋75＋60）÷**300**×100＝**120**（%）

d（エ）　（**105＋105＋105＋105＋105**）÷400×100≒**131**（%）

イモヅル復習問題 ➡Q173

正解　**ア**

でる度★★★

Q175

通信機能及び他の機器の管理機能をもつ高機能型の電力メータであるスマートメータを導入する目的として，適切でないものはどれか。

ア 自動検針によって，検針作業の効率を向上させる。
イ 停電時に補助電源によって，一定時間電力を供給し続ける。
ウ 電力需要制御によって，ピーク電力を抑制する。
エ 電力消費量の可視化によって，節電の意識を高める。

サクッと正解

スマートメータは，高機能な電力メータであり，電力を供給する機能はない。

イモヅル式解説

スマートメータとは，通信機能をもつデジタルの電力量計のこと。停電時に補助電源によって，一定時間電力を供給し続ける（**イ**）のは，UPS〈=Uninterruptible Power Supply；無停電電源装置〉などと呼ばれる。自動検針によって検針作業の効率を向上させる（**ア**），電力需要制御によってピーク電力を抑制する（**ウ**），電力消費量の可視化によって節電の意識を高める（**エ**）ことは，スマートメータの特徴であり，正しい記述である。

ちょっと深堀り スマートストアとエネルギーハーベスティング

スマートストアとは，電子タグ，画像解析，電子決済システム，人工知能（AI）などITを活用した店舗の運営を行う仕組みや概念〔➡Q182〕。
また，エネルギーハーベスティングは，太陽光や室内光，振動，廃熱，体温，電磁波などの微小なエネルギーを電力に変換する発電方法である。IoTデバイスへの電力供給にも用いられる。

正解 イ

Q176 スマートグリッドの説明はどれか。

ア　健康診断結果や投薬情報など，類似した症例に基づく分析を行い，個人ごとに最適な健康アドバイスを提供できるシステム
イ　在宅社員やシニアワーカなど，様々な勤務形態で働く労働者の相互のコミュニケーションを可能にし，多様なワークスタイルを支援するシステム
ウ　自動車に設置された情報機器を用いて，飲食店・娯楽情報などの検索，交通情報の受発信，緊急時の現在位置の通報などが行えるシステム
エ　通信と情報処理技術によって，発電と電力消費を総合的に制御し，再生可能エネルギーの活用，安定的な電力供給，最適な需給調整を図るシステム

サクッと正解

スマートグリッドとは，発電と電力消費を最適化する送信網。

イモヅル式解説

スマートグリッドは，通信と情報処理技術によって，発電と電力消費を総合的に制御し，再生可能エネルギーの活用，安定的な電力供給，最適な需給調整を図るシステム（**エ**）である。

エキスパートシステム	AIを活用して専門家（エキスパート）の能力を模倣・再現しようとする仕組み。たとえば，健康診断結果や投薬情報など，類似した症例に基づく分析を行い，個人ごとに最適な健康アドバイスを提供するシステム（**ア**）など。
在宅勤務支援システム	在宅社員やシニアワーカなど，様々な勤務形態で働く労働者の相互のコミュニケーションを可能にし，多様なワークスタイルを支援するシステム（**イ**）。
カーナビゲーションシステム	自動車に設置された情報機器を用いて，飲食店・娯楽情報などの検索，交通情報の受発信，緊急時の現在位置の通報などが行えるシステム（**ウ**）。

イモヅル 復習問題 ➡ Q175

正解　**エ**

でる度 ★★☆

Q177

シェアリングエコノミーの説明はどれか。

ア ITの活用によって経済全体の生産性が高まり，更にSCMの進展によって需給ギャップが解消されるので，インフレなき成長が持続するという概念である。

イ ITを用いて，再生可能エネルギーや都市基盤の効率的な管理・運営を行い，人々の生活の質を高め，継続的な経済発展を実現するという概念である。

ウ 商取引において，実店舗販売とインターネット販売を組み合わせ，それぞれの長所を生かして連携させることによって，全体の売上を拡大する仕組みである。

エ ソーシャルメディアのコミュニティ機能などを活用して，主に個人同士で，個人が保有している遊休資産を共有したり，貸し借りしたりする仕組みである。

サクッと正解

シェアリングエコノミーとは，共有やレンタルなどを行う仕組み。

イモヅル式解説

シェアリングエコノミーは，ソーシャルメディアのコミュニティ機能などを活用して，主に個人同士で，個人が保有している遊休資産を共有したり，貸し借りしたりする仕組みである（**エ**）。

ニューエコノミー	ITの活用によって経済全体の生産性が高まり，物流を最適化する**SCM**〔➡Q206〕の進展によって需給ギャップが解消されるので，インフレなき成長が持続するという概念（**ア**）。
スマートシティ	ITを用いて，再生可能エネルギーや都市基盤の効率的な管理・運営を行い，人々の生活の質を高め，継続的な経済発展を実現するという概念（**イ**）。
オムニチャネル	商取引において，実店舗販売とインターネット販売を組み合わせ，それぞれの長所を生かして連携させることによって，全体の売上を拡大する仕組み（**ウ**）。

正解 **エ**

でる度 ★★★

Q 178 **ディジタルディバイドを説明したものはどれか。**

ア　PCなどの情報通信機器の利用方法が分からなかったり，情報通信機器を所有していなかったりして，情報の入手が困難な人々のことである。

イ　高齢者や障害者の情報通信の利用面での困難が，社会的又は経済的な格差につながらないように，誰もが情報通信を利活用できるように整備された環境のことである。

ウ　情報通信機器やソフトウェア，情報サービスなどを，高齢者・障害者を含む全ての人が利用可能であるか，利用しやすくなっているかの度合いのことである。

エ　情報リテラシの有無やITの利用環境の相違などによって生じる，社会的又は経済的な格差のことである。

サクッと正解

ディジタルディバイドとは，ITを活用できる人と活用できない人との格差のこと。

イモヅル式解説

ディジタルディバイドとは，ITを利用できる環境や**情報リテラシ**の相違などで生じる，社会的または経済的な格差のことである（**エ**）。

PCなどの情報通信機器を利用できなかったり所有していなかったりして，情報の入手が困難な人々（**ア**）を**情報弱者**と呼ぶこともある。

情報バリアフリー	高齢者や障害者の情報通信の利用面での困難が，社会的・経済的な格差につながらないように，誰もが情報通信を利活用できるように整備された環境（**イ**）。
ユーザビリティ	利用者がストレスを感じずに，目標とする要求をどれだけ達成できるかという程度。
アクセシビリティ	情報通信機器やソフトウェア，情報サービスなどを，高齢者・障害者を含むすべての人が利用可能であるか，利用しやすくなっているかの度合い（**ウ**）。

正解 **エ**

でる度★★★

Q 179

BI (Business Intelligence) の活用事例として，適切なものはどれか。

ア 競合する他社が発行するアニュアルレポートなどの刊行物を入手し，経営戦略や財務状況を把握する。

イ 業績の評価や経営戦略の策定を行うために，業務システムなどに蓄積された膨大なデータを分析する。

ウ 電子化された学習教材を社員がネットワーク経由で利用することを可能にし，学習・成績管理を行う。

エ りん議や決裁など，日常の定型的業務を電子化することによって，手続を確実に行い，処理を迅速にする。

サクッと正解

BIとは，組織内のシステムに蓄積されたデータを経営戦略に活用すること。

イモヅル式解説

BIは，企業内外に蓄積されたデータを，分類・加工・分析して活用することにより，企業の**意思決定**の迅速化を支援する手法である。業績の評価や経営戦略の策定を行うために，業務システムなどに蓄積された膨大なデータを分析する（**イ**）ことは，BIの活用事例である。

- 競合する他社が発行する経営方針や財務諸表などが記載されたアニュアルレポートなどの刊行物を入手し，経営戦略や財務状況を把握する（**ア**）ことは，蓄積されたデータを分析することではないので，BIの活用事例として適切ではない。
- 電子化された学習教材を社員がネットワーク経由で利用することを可能にし，学習・成績管理を行う（**ウ**）ことは，**学習管理システム**〈= Learning Management System ; LMS〉の活用事例である。
- りん議や決裁など，日常の定型的業務を電子化することによって，手続を確実に行い，処理を迅速にする（**エ**）ことは，**ワークフローシステム**の活用事例である。

正解 **イ**

でる度★★★

Q 180

SOAの説明はどれか。

ア　売上・利益の増加や，顧客満足度の向上のために，営業活動にITを活用して営業の効率と品質を高める概念のこと
イ　経営資源をコアビジネスに集中させるために，社内業務のうちコアビジネス以外の業務を外部に委託すること
ウ　コスト，品質，サービス，スピードを革新的に改善させるために，ビジネスプロセスをデザインし直す概念のこと
エ　ソフトウェアの機能をサービスという部品とみなし，そのサービスを組み合わせることによってシステムを構築する概念のこと

サクッと正解

SOAとは，サービスを部品と考え，システムを構築する方法。

イモヅル式解説

SOA〈=Service Oriented Architecture〉は，**サービス指向アーキテクチャ**とも呼ばれ，サービスというコンポーネントからシステムを構築する概念（**エ**）である。ビジネス変化に対応しやすくなるなどのメリットがある。

SFA〈=Sales Force Automation〉〔➡Q202〕	売上・利益の増加や，顧客満足度の向上のために，営業活動にITを活用して営業の効率と品質を高める概念（**ア**）。
BPO〈=Business Process Outsourcing〉〔➡Q183〕	経営資源をコアビジネスに集中させるために，社内業務のうちコアビジネス以外の業務を外部に委託すること（**イ**）。
BPR〈=Business Process Reengineering〉	コスト，品質，サービス，スピードを革新的に改善させるために，ビジネスプロセスを抜本的に見直して再設計・再構築（リエンジニアリング）するという概念（**ウ**）。

正解　**エ**

でる度★★★

Q181

利用者が，インターネットを経由してサービスプロバイダ側のシステムに接続し，サービスプロバイダが提供するアプリケーションの必要な機能だけを必要なときにオンラインで利用するものはどれか。

ア ERP
イ SaaS
ウ SCM
エ XBRL

サクッと正解

アプリケーションの必要な機能だけをオンラインで利用するサービスの形態は，**SaaS**である。

イモヅル式解説

SaaS〈=Software as a Service〉（**イ**）は，自社ではソフトウェアを所有せずに，外部の専門業者が提供するアプリケーションの機能をネットワーク経由で活用することである。

ERP〈=Enterprise Resource Planning〉（**ア**）	経営資源の有効活用の観点から企業活動全般を統合的に管理し，業務を横断的に連携させることによって経営資源の最適化と経営の効率化を図る手法。
SCM〈=Supply Chain Management〉（**ウ**）〔➡**Q206**〕	部品の供給から製品の販売までの一連の業務プロセスの情報をリアルタイムで交換することにより，在庫の削減とリードタイムの短縮を図る手法。
XBRL〈=eXtensible Business Reporting Language〉（**エ**）	財務報告用の情報の作成・流通・利用ができるように標準化した規約。業務パッケージやプラットフォームに依存せずに財務情報を利用できる拡張可能な事業報告言語。

イモヅル復習問題 ➡ **Q180**

正解 **イ**

Q182 **自社の経営課題である人手不足の解消などを目標とした業務革新を進めるために活用する，RPAの事例はどれか。**

ア　業務システムなどのデータ入力，照合のような標準化された定型作業を，事務職員の代わりにソフトウェアで自動的に処理する。

イ　製造ラインで部品の組立てに従事していた作業員の代わりに組立作業用ロボットを配置する。

ウ　人が接客して販売を行っていた店舗を，ICタグ，画像解析のためのカメラ，電子決済システムによる無人店舗に置き換える。

エ　フォークリフトなどを用いて人の操作で保管商品を搬入・搬出していたものを，コンピュータ制御で無人化した自動倉庫システムに置き換える。

サクッと正解

RPAとは，標準化された定型作業を，事務職員の代わりにソフトウェアで自動的に処理すること。

イモヅル式解説

RPA〈=Robotic Process Automation〉は，ホワイトカラーの定型的な事務作業を，ソフトウェアで実現されたロボットに代替させることにより，自動化や効率化を図る（**ア**）ことである。

- 作業員の代わりに組立作業用ロボットを用いる（**イ**）ことは，ソフトウェアだけではなくハードウェアを用いているので，RPAの事例として適切ではない。
- 人が接客して販売を行っていた店舗を無人店舗に置き換える（**ウ**）ことは，**スマートストア**などと呼ばれ，ソフトウェアで実現できる定型業務ではないので，RPAの事例として適切ではない。
- 人の操作で搬入・搬出していたものをコンピュータ制御で無人化した自動倉庫システムに置き換える（**エ**）ことは，ソフトウェアだけではなくハードウェアを用いている。

イモヅル復習問題 ➡Q175　正解 **ア**

でる度 ★★☆

Q 183 BPOを説明したものはどれか。

ア 自社ではサーバを所有せずに，通信事業者などが保有するサーバの処理能力や記憶容量の一部を借りてシステムを運用することである。

イ 自社ではソフトウェアを所有せずに，外部の専門業者が提供するソフトウェアの機能をネットワーク経由で活用することである。

ウ 自社の管理部門やコールセンタなど特定部門の業務プロセス全般を，業務システムの運用などと一体として外部の専門業者に委託することである。

エ 自社よりも人件費が安い派遣会社の社員を活用することによって，ソフトウェア開発の費用を低減させることである。

サクッと正解

BPOとは，特定の業務全般を外部の専門業者に委託すること。

イモヅル式解説

BPO〈=Business Process Outsourcing〉〔➡Q180〕は，自社の内部で担っていた管理部門やコールセンタなど，特定部門の業務プロセスを，業務システムの運用などと一体として外部の専門業者に委託（アウトソーシング）すること（**ウ**）である。自社より高度な技術や技能を持つ専門業者に委託することもあり，自社より人件費が安い派遣会社の社員を活用して費用を低減すること（**エ**）だけを目的としているわけではない。

ホスティングサービス	自社ではサーバを所有せずに，通信事業者などが保有するサーバの処理能力や記憶容量の一部を借りてシステムを運用すること（**ア**）。
SaaS〈=Software as a Service〉〔➡Q181〕	自社ではソフトウェアを所有せずに，外部の専門業者が提供するソフトウェアの機能をネットワーク経由で活用すること（**イ**）。

イモヅル復習問題 ➡ Q180，Q181

正解 **ウ**

でる度 ★★★

Q184 BPMの説明はどれか。

ア 企業活動の主となる生産，物流，販売，財務，人事などの業務の情報を一元管理することによって，経営資源の全体最適を実現する。

イ 業務プロセスに分析，設計，実行，改善のマネジメントサイクルを取り入れ，業務プロセスの改善見直しや最適なプロセスへの統合を継続的に実施する。

ウ 顧客データベースを基に，商品の販売から保守サービス，問合せやクレームへの対応など顧客に関する業務プロセスを一貫して管理する。

エ 部品の供給から製品の販売までの一連の業務プロセスの情報をリアルタイムで交換することによって，在庫の削減とリードタイムの短縮を実現する。

サクッと正解

BPMとは，業務プロセスの改善を継続的に実施するサイクル。

イモヅル式解説

BPM〈=Business Process Management〉は，業務プロセスに分析，設計，実行，改善のマネジメントサイクルを取り入れ，業務プロセスの改善や最適化を継続的に実施する取り組みである（**イ**）。

ERP〈=Enterprise Resource Planning〉〔➡Q181〕	企業活動の主となる生産，物流，販売，財務，人事などの業務の情報を一元管理することによって，経営資源の全体最適を実現すること（**ア**）。
CRM〈=Customer Relationship Management〉	顧客データベースを基に，商品の販売から保守サービス，問合せやクレームへの対応など，顧客に関する業務プロセスを一貫して管理すること（**ウ**）。
SCM〈=Supply Chain Management〉〔➡Q206〕	部品の供給から製品の販売までの一連の業務プロセスの情報をリアルタイムで交換し，在庫の削減とリードタイムの短縮を実現すること（**エ**）。

イモヅル復習問題 ➡Q181

正解 **イ**

でる度★★★

Q185

企業がマーケティング活動に活用するビッグデータの特徴に沿った取扱いとして，適切なものはどれか。

ア　ソーシャルメディアで個人が発信する商品のクレーム情報などの，不特定多数によるデータは処理の対象にすべきではない。

イ　蓄積した静的なデータだけでなく，Webサイトのアクセス履歴などリアルタイム性の高いデータも含めて処理の対象とする。

ウ　データ全体から無作為にデータをサンプリングして，それらを分析することによって全体の傾向を推し量る。

エ　データの正規化が難しい非構造化データである音声データや画像データは，処理の対象にすべきではない。

サクッと正解

ビッグデータの特徴は，①膨大，②多様，③リアルタイム。

イモヅル式解説

ビッグデータは，一般的なデータ処理のシステムでは扱い切れないような**膨大**で複雑なデータの総称である。蓄積した静的なデータだけではなく，Webサイトのアクセス履歴などの**リアルタイム性**の高いデータも含めて処理の対象となる（**イ**）。

- **ソーシャルメディア**などで個人が発信する情報（**ア**）もビッグデータとして処理の対象である。
- サンプリングなどの処理（**ウ**）ではなく，膨大なデータをリアルタイムで扱うことがビッグデータの特徴である。
- 音声データや画像データ（**エ**）などの**多様**なデータを蓄積することもビッグデータの特徴である。

ちょっと深堀り　データマイニング

蓄積されたデータを分析し，単なる検索ではわからない隠れた規則や相関関係などを見つけ出すこと。

正解　**イ**

でる度★★★

Q186

ビッグデータ活用の発展過程を次の4段階に分類した場合，第4段階に該当する活用事例はどれか。

〔ビッグデータ活用の発展段階〕
第1段階：過去や現在の事実の確認（どうだったのか）
第2段階：過去や現在の状況の解釈（どうしてそうだったのか）
第3段階：将来生じる可能性がある事象の予測（どうなりそうなのか）
第4段階：将来の施策への展開（どうしたら良いのか）

ア　製品のインターネット接続機能を用いて，販売後の製品からの多数の利用者による操作履歴をビッグデータに蓄積し，機能の使用割合を明らかにする。
イ　多数の利用者による操作履歴が蓄積されたビッグデータの分析結果を基に，当初，メーカが想定していなかった利用者の誤操作とその原因を見つけ出す。
ウ　ビッグデータを基に，利用者の誤操作の原因と，それによる故障率の増加を推定し，利用者の誤操作を招きにくいユーザインタフェースに改良する。
エ　利用者の誤操作が続いた場合に想定される製品の故障率の増加を，ビッグデータを用いたシミュレーションで推定する。

サクッと正解

ビッグデータ活用の第4段階は，予測に基いて改良を施すなどの施策が該当する。

イモヅル式解説

ビッグデータ活用の発展過程において，将来生じる可能性がある事象の予測を踏まえ，施策へ展開する**第4段階**に該当するのは，「利用者の**誤操作**の原因と，それによる故障率の増加を推定し，利用者の誤操作を招きにくいユーザインタフェースに改良する」（**ウ**）である。

製品の操作履歴から機能の使用割合を明らかにする（**ア**）ことは**第1段階**，操作履歴から誤操作の原因を見つけ出す（**イ**）ことは**第2段階**，誤操作による故障率の増加を推定する（**エ**）ことは**第3段階**に該当する。

イモヅル復習問題 ➡ Q185

正解　**ウ**

でる度★★★

Q187

ビッグデータの活用事例を，ビッグデータの分析結果のフィードバック先と反映タイミングで分類した場合，表中のdに該当する活用事例はどれか。

		分析結果の反映タイミング	
		一定期間ごと	即時
分析結果のフィードバック先	顧客全体	a	b
	顧客個々	c	d

ア　会員カードを用いて収集・蓄積した大量の購買データから，一人一人の嗜好を分析し，その顧客の前月の購買額に応じて，翌月のクーポン券を発行する。

イ　会員登録をした来店客のスマートフォンから得られる位置データと，来店客の購買履歴データを基に，近くの売場にある推奨商品をスマートフォンに表示する。

ウ　系列店の過去数年分のPOSデータから月ごとに最も売れた商品のランキングを抽出し，現在の月に該当する商品の映像を店内のディスプレイに表示する。

エ　走行中の自動車から，車両の位置，速度などを表すデータをクラウド上に収集し分析することによって，各道路の現在の混雑状況をWebサイトに公開する。

サクッと正解

表中のdに該当する事例は，位置データと購買履歴データにより，来店客に即時に商品を勧めるもの。

イモヅル式解説

来店客のスマートフォンから得られる位置データと，来店客の購買履歴データを基に，近くの売場にある推奨商品をスマートフォンに表示する（イ）ことは，反映タイミングは来店している「**即時**」であり，フィードバック先は会員登録済みの来店客である「**顧客個々**」に該当する。なお，（ア）はc，（ウ）はa，（エ）はbに該当する活用事例である。

イモヅル復習問題 ➡ Q185

正解　イ

でる度★★☆

Q188

システム化計画の立案において実施すべき事項はどれか。

ア　画面や帳票などのインタフェースを決定し，設計書に記載するために，要件定義書を基に作業する。

イ　システム構築の組織体制を策定するとき，業務部門，情報システム部門の役割分担を明確にし，費用の検討においては開発，運用及び保守の費用の算出基礎を明確にしておく。

ウ　システムの起動・終了，監視，ファイルメンテナンスなどを計画的に行い，業務が円滑に遂行していることを確認する。

エ　システムを業務及び環境に適合するように維持管理を行い，修正依頼が発生した場合は，その内容を分析し，影響を明らかにする。

サクッと正解

システム化計画の立案では，システム構築の体制，役割分担，費用などを明確にする。

イモヅル式解説

システム構築の組織体制を策定するとき，業務部門，情報システム部門の役割分担を明確にし，費用の検討においては開発，運用及び保守の費用の算出基礎を明確にしておく（**イ**）ことが，**企画プロセス**のシステム化計画の立案で実施する事項である。

- 画面や帳票などのインタフェースを決定し，設計書に記載するために，要件定義書を基に作業する（**ア**）ことは，システム化計画の立案や要件定義のあとで行う**開発プロセス**で実施する事項である。
- システムの起動・終了，監視，ファイルメンテナンスなどを計画的に行い，業務が円滑に遂行していることを確認する（**ウ**）ことは，開発プロセスのあとで行う**運用プロセス**で実施する事項である。
- システムを業務及び環境に適合するように維持管理を行い，修正依頼があるときは，その内容を分析し，影響を明らかにする（**エ**）ことは，運用プロセスのあとで行う**保守プロセス**で実施する事項である。

正解　**イ**

でる度★★★

Q 189 **非機能要件の定義で行う作業はどれか。**

ア 業務を構成する機能間の情報（データ）の流れを明確にする。
イ システム開発で用いるプログラム言語に合わせた開発基準，標準の技術要件を作成する。
ウ システム機能として実現する範囲を定義する。
エ 他システムとの情報授受などのインタフェースを明確にする。

サクッと正解

非機能要件の定義で行う作業は，プログラム言語に合わせた開発基準や標準となる技術要件を作成することである。

イモヅル式解説

非機能要件とは，業務要件の実現に必要な，**品質要件**，**技術要件**，**運用要件**などのこと。システムに欠かせない機能である**機能要件**以外の要件のことである。システム開発で用いるプログラム言語に合わせた開発基準，標準の技術要件を作成する（**イ**）ことは，開発の進め方や手段に関することであり，業務要件を実現することとは直接関係しないので，非機能要件の定義で行う作業である。

- 業務を構成する機能間の情報の流れを明確にする（**ア**）ことは，機能要件の定義で行う作業である。
- システム機能として実現する範囲を定義する（**ウ**）ことは，**システム要件定義**で行う作業である。
- 他システムとの情報授受などのインタフェースを明確にする（**エ**）ことは，**システムの設計プロセス**で行う作業である。

正解 イ

でる度★★★

Q 190

図に示す手順で情報システムを調達するとき，bに入れるものはどれか。

a	発注元はベンダにシステム化の目的や業務内容などを示し，情報提供を依頼する。
↓	
b	発注元はベンダに調達対象システム，調達条件などを示し，提案書の提出を依頼する。
↓	
c	発注元はベンダの提案書，能力などに基づいて，調達先を決定する。
↓	
d	発注元と調達先の役割や責任分担などを，文書で相互に確認する。

ア RFI　**イ** RFP　**ウ** 供給者の選定　**エ** 契約の締結

サクッと正解

情報システムの調達は，①RFI，②RFP，③業者選定，④契約締結，の順。

イモヅル式解説

設問の空欄を埋めると，情報システムを調達するときの手順は，(a) 情報提供依頼（RFI）（ア）→ (b) 提案依頼（RFP）（イ）→ (c) 供給者の選定（ウ）→ (d) 契約の締結（エ），となる。

RFI 〈=Request for Information〉 (ア)	システム化の目的や業務内容などを示し，ベンダに情報の提供を依頼する（a）情報提供依頼書。
RFP 〈=Request for Proposal〉 (イ)	調達対象システムや調達条件などを示し，ベンダに提案書の提出を依頼する（b）提案依頼書。

正解　イ

3 ストラテジ系

でる度 ★★☆

Q 191

グリーン調達の説明はどれか。

ア 環境保全活動を実施している企業がその活動内容を広くアピールし，投資家から環境保全のための資金を募ることである。

イ 第三者が一定の基準に基づいて環境保全に資する製品を認定する，エコマークなどの環境表示に関する国際規格のことである。

ウ 太陽光，バイオマス，風力，地熱などの自然エネルギーによって発電されたグリーン電力を，市場で取引可能にする証書のことである。

エ 品質や価格の要件を満たすだけでなく，環境負荷が小さい製品やサービスを，環境負荷の低減に努める事業者から優先して購入することである。

サクッと正解

グリーン調達とは，環境に配慮した製品，サービス，事業者を優先して選ぶこと。

イモヅル式解説

グリーン調達（**グリーン購入**）は，品質や価格の要件を満たすだけでなく，環境負荷が小さい製品やサービスを，環境負荷の低減に努める事業者から優先して購入することである（**エ**）。

グリーン投資	環境保全活動を実施している企業がその活動内容をアピールし，投資家から環境保全の資金を募る活動（**ア**）。
グリーンIT	PCやサーバ，ネットワークなどの通信機器の省エネや有効利用だけではなく，それらの機器の利用によって社会の省エネを推進し，環境を保護していくという考え方。
グリーン電力証書	太陽光，バイオマス，風力，地熱などの自然を利用した再生可能エネルギーによって発電された**グリーン電力**を，市場で取引可能にする証書（**ウ**）。
環境ラベリング制度	第三者が一定の基準に基づいて環境保全に資する製品を認定する，エコマークなどの環境表示に関する国際規格（**イ**）。

正解 **エ**

でる度★★★

Q 192 **システム開発の上流工程において，システム稼働後に発生する可能性がある個人情報の漏えいや目的外利用などのリスクに対する予防的な機能を検討し，その機能をシステムに組み込むものはどれか。**

ア 情報セキュリティ方針
イ セキュリティレベル
ウ プライバシーバイデザイン
エ プライバシーマーク

サクッと正解

開発の初期段階からプライバシー保護の予防的な機能を組み込む考え方を，**プライバシーバイデザイン**という。

イモヅル式解説

プライバシーバイデザイン（**ウ**）は，個人情報などのプライバシーに関するデータを取り扱うシステムを構築するときに，企画の段階など上流工程において，あらかじめ情報保護の予防的な機能を検討し，その機能をシステムに組み込むという設計の考え方である。

セキュリティバイデザイン	システムの企画や設計の段階からセキュリティを確保する方策。
情報セキュリティ方針（**ア**）	情報セキュリティに対する組織の意図を示し，方向付けをする方針。
セキュリティレベル（**イ**）	ユーザに許可する行動範囲や，システムに要求されるセキュリティ機能の程度。
プライバシーマーク（**エ**）	事業者が個人情報の取り扱いを適切に行うための体制などを保持していることを認定する制度。

正解 ウ

でる度★★★

Q193

企業経営で用いられるコアコンピタンスを説明したものはどれか。

ア　企業全体の経営資源の配分を有効かつ統合的に管理し，経営の効率向上を図ることである。

イ　競争優位の源泉となる，他社よりも優越した自社独自のスキルや技術などの強みである。

ウ　業務プロセスを根本的に考え直し，抜本的にデザインし直すことによって，企業のコスト，品質，サービス，スピードなどを劇的に改善することである。

エ　最強の競合相手又は先進企業と比較して，製品，サービス，オペレーションなどを定性的・定量的に把握することである。

サクッと正解

コアコンピタンスとは，競争優位の源泉となる自社独自の優越した強みのこと。

イモヅル式解説

コアコンピタンス〈=core competence〉は，顧客に価値をもたらし，企業にとって競争優位の源泉となる，競合他社を圧倒的に上回る優れた能力や，競合他社の模倣が困難なスキルや技術，ノウハウ，信用力などのことである（**イ**）。

ERP〈=Enterprise Resource Planning〉〔➡Q181〕	企業全体の経営資源の配分を有効かつ統合的に管理し，経営の効率向上を図ること（**ア**）。
BPR〈=Business Process Reengineering〉〔➡Q180〕	業務プロセスを根本的に考え直し，抜本的にデザインし直すことによって，企業のコスト，品質，サービス，スピードなどを劇的に改善すること（**ウ**）。
ベンチマーキング〔➡Q161〕	最強の競合相手や先進企業などと比較し，製品，サービス，オペレーションなどを定性的・定量的に把握すること（**エ**）。

イモヅル復習問題 ➡Q171，Q180，Q181

正解　イ

でる度★★★

Q 194

アンゾフが提唱した成長マトリクスにおいて，既存市場に対して既存製品で事業拡大する場合の戦略はどれか。

ア 市場開発
イ 市場浸透
ウ 製品開発
エ 多角化

サクッと正解

既存市場に対して既存製品で事業拡大する場合の戦略は，**市場浸透**である。

イモヅル式解説

アンゾフの**成長マトリクス**は，製品と市場の視点から，事業拡大の方向性を4つ（市場浸透，製品開発，市場開発，多角化）に分け，戦略を検討するフレームワークである。

多角化には，シナジー効果のある**水平多角化**や，流通の別工程に進出する**垂直多角化**，などの複数の分類がある。

	既存製品	新規製品
既存市場	市場浸透 既存市場で 既存製品を普及	製品開発 既存市場に 新規製品を投入
新規市場	市場開発 新規市場に 既存製品で進出	多角化 新規市場に 新規製品で参入

アンゾフの成長マトリクス

正解 イ

Q■■■ 195

図に示すマトリックスを用いたポートフォリオマネジメントによって，事業計画や競争優位性の分析を行う目的はどれか。

事業の強み（市場シェア）

事業の魅力度（市場成長率）

高

低

強　弱

ア　目標として設定したプロモーション効果を測定するために，自社の事業のポジションを評価する。

イ　目標を設定し，資源配分の優先順位を設定するための基礎として，自社の事業のポジションを評価する。

ウ　目標を設定し，製品の品質を高めることによって，市場での優位性を維持する方策を評価する。

エ　目標を設定するために，季節変動要因や地域的広がりを加味することによって，市場の変化を評価する。

サクッと正解

ポートフォリオマネジメントの目的は，資源配分の優先順位を評価することにある。

イモヅル式解説

ポートフォリオマネジメント〈=PPM；プロダクトポートフォリオマネジメント〉は，製品の市場占有率と市場成長率から，企業がそれぞれの事業への経営資源の最適配分を意思決定するためのフレームワークである。

正解　イ

でる度★★★

Q196 SWOT分析を説明したものはどれか。

ア 企業のビジョンと戦略を実現するために，財務，顧客，業務プロセス，学習と成長という四つの視点から検討し，アクションプランにまで具体化する。

イ 企業を，内部環境と外部環境の観点から，強み，弱み，機会，脅威という四つの視点で評価し，企業を取り巻く環境を認識する。

ウ 事業を，分散型，特化型，手詰まり型，規模型という四つのタイプで評価し，自社の事業戦略策定に役立てる。

エ 製品を，導入期，成長期，成熟期，衰退期という四つの段階に分類し，企業にとって最適な戦略策定に活用する。

サクッと正解

SWOT分析は，内部環境の強みと弱み，外部環境の機会と脅威で分析する手法である。

イモヅル式解説

SWOT分析は，企業を，内部環境と外部環境の観点から，強み(Strength)，弱み (Weakness)，機会 (Opportunity)，脅威 (Threat)という4つの視点で評価し，企業を取り巻く環境を認識する分析手法である (**イ**)。

用語	説明
BSC〈=Balanced Score Card；バランススコアカード〉〔➡Q203〕	企業のビジョンと戦略を実現するために，財務，顧客，業務プロセス，学習と成長という4つの視点から検討し，アクションプランにまで具体化する分析手法 (**ア**)。
アドバンテージマトリックス〈=Advantage Matrix〉	事業を，分散型，特化型，手詰まり型，規模型という4つのタイプで評価し，自社の事業戦略の策定に役立てる評価手法 (**ウ**)。
プロダクトライフサイクル〔➡Q197〕	製品を，導入期，成長期，成熟期，衰退期という4つの段階に分類し，企業にとって最適な戦略の策定に活用するフレームワーク (**エ**)。

正解 **イ**

Q197

プロダクトライフサイクルにおける成長期の特徴はどれか。

ア　市場が製品の価値を理解し始める。製品ラインもチャネルも拡大しなければならない。この時期は売上も伸びるが，投資も必要である。

イ　需要が大きくなり，製品の差別化や市場の細分化が明確になってくる。競争者間の競争も激化し，新品種の追加やコストダウンが重要となる。

ウ　需要が減ってきて，撤退する企業も出てくる。この時期の強者になれるかどうかを判断し，代替市場への進出なども考える。

エ　需要は部分的で，新規需要開拓が勝負である。特定ターゲットに対する信念に満ちた説得が必要である。

サクッと正解

プロダクトライフサイクルにおける成長期は，売上も伸びるが投資も必要な時期である。

イモヅル式解説

プロダクトライフサイクルにおける成長期は，売上が急激に増加する時期である。市場が活性化し，新規参入企業によって競争が激化してくる。4つのフェーズをまとめて覚えよう。

導入期	需要は部分的で，新規需要の開拓が勝負である。特定ターゲットに対する信念に満ちた説得が必要である（**エ**）。
成長期	市場が製品の価値を理解し始める。製品ラインもチャネルも拡大しなければならない。この時期は売上も伸びるが，投資も必要である（**ア**）。
成熟期	需要が大きくなり，製品の差別化や市場の細分化が明確になってくる。競争者間の競争も激化し，新品種の追加やコストダウンが重要となる（**イ**）。
衰退期	需要が減ってきて，撤退する企業も出てくる。この時期の強者になれるかどうかを判断し，代替市場への進出なども考える（**ウ**）。

イモヅル復習問題 ➡ Q196

正解　ア

でる度 ★★★

Q198 **特定顧客，特定製品のセグメントに資源を集中し，専門化を図る戦略はどれか。**

ア チャレンジャ戦略
イ ニッチ戦略
ウ フォロワ戦略
エ リーダ戦略

サクッと正解

特定の顧客や製品に資源を集中して特化する戦略は，**ニッチ戦略**である。

イモヅル式解説

フィリップ・コトラーによる競争戦略理論では，同じ業界における競争上の地位により，とるべき戦略が異なるとされる。下表のように，シェアの大きさで企業を，**リーダ**，**チャレンジャ**，**フォロワ**，**ニッチ**の4つに区分して戦略を提示している。

リーダ戦略（エ）	市場を広げるべく，利用者や使用頻度の増加のために投資し，シェアの拡大に努める全方位の戦略。
チャレンジャ戦略（ア）	トップシェアの奪取を目標として，リーダ企業との差別化を図った手法により展開する戦略。
フォロワ戦略（ウ）	競合他社からの報復を招かないように注意しつつ，リーダ企業の製品を参考にして，コストダウンを図り，低価格で勝負する戦略。
ニッチ戦略（イ）	大手が参入しにくい特定の市場に焦点を絞り，その領域での専門性を高めることによりブランド力を浸透させる戦略。

正解 イ

でる度★★☆

Q 199 リレーションシップマーケティングの説明はどれか。

ア　顧客との良好な関係を維持することで個々の顧客から長期間にわたって安定した売上を獲得することを目指すマーケティング手法

イ　数時間から数日間程度の短期間の時間制限を設け，その時間内だけネット上で商品を販売するマーケティング手法

ウ　スマートフォンのGPS機能を利用し，現在地に近い店舗の広告を配信するマーケティング手法

エ　テレビ，新聞，雑誌などの複数のメディアを併用し，消費者への多角的なアプローチを目指すマーケティング手法

サクッと正解

リレーションシップマーケティングとは，顧客との関係を重視したマーケティング手法。

イモヅル式解説

リレーションシップマーケティングは，顧客との良好な関係を維持することにより，個々の顧客から長期間にわたって安定した売上を獲得することを目指すマーケティング手法である（**ア**）。

フラッシュマーケティング	数時間から数日間程度の短期間の時間制限を設け，その時間内だけインターネット上で商品を販売するマーケティング手法（**イ**）。
ロケーションベースマーケティング	スマートフォンのGPS機能を利用し，現在地に近い店舗の広告を配信するマーケティング手法（**ウ**）。
クロスメディアマーケティング	テレビ，新聞，雑誌などの複数のメディアを併用し，消費者への多角的なアプローチを目指すマーケティング手法（**エ**）。

正解　ア

でる度★★★

Q200 **売手の視点であるマーケティングミックスの4Pに対応する，買手の視点である4Cの中で，図のaに当てはまるものはどれか。ここで，ア～エはa～dのいずれかに対応する。**

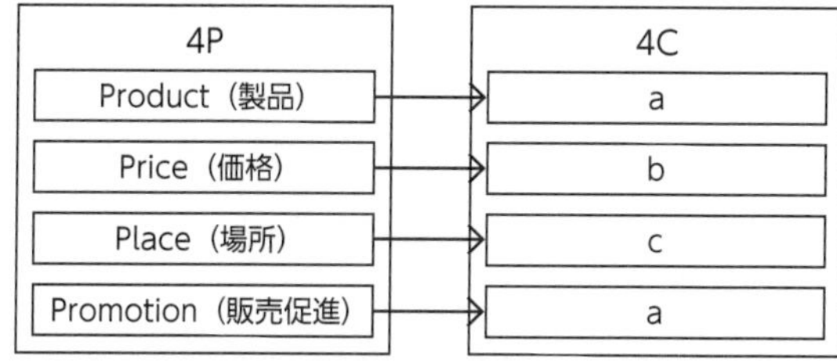

ア Communication（顧客との対話）
イ Convenience（顧客の利便性）
ウ Cost（顧客の負担）
エ Customer Value（顧客にとっての価値）

サクッと正解

4PのProduct（製品）に対応するのは，4CのCustomer Value（顧客にとっての価値）である。

イモヅル式解説

マーケティングミックスは，企業側（売手）の視点である**4P**と，顧客側（買手）の視点である**4C**の，2つの理論が知られている。

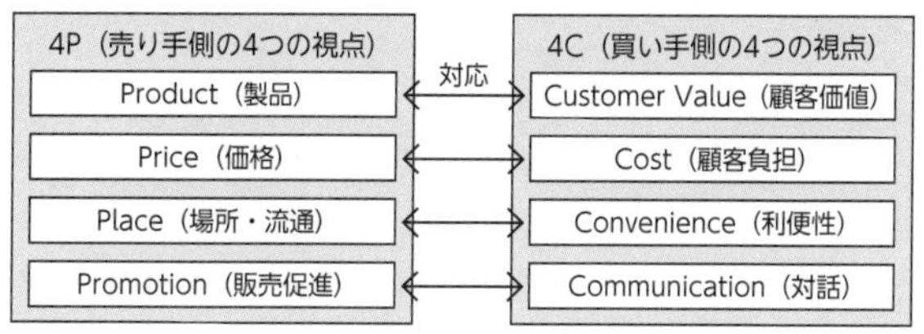

マーケティングミックスの4Pと4C

イモヅル復習問題 ➡ Q199

正解 エ

Q201 コストプラス価格決定法を説明したものはどれか。

ア　買い手が認める品質や価格をリサーチし，訴求力のある価格を決定する。

イ　業界の平均水準や競合企業の設定価格を参考に，競争力のある価格を決定する。

ウ　製造原価又は仕入原価に一定のマージンを乗せて価格を決定する。

エ　目標販売量を基に，総費用吸収後に一定の利益率が確保できる価格を決定する。

サクッと正解

コストプラス価格決定法とは，製造原価に利益を乗せて価格を決める方法のこと。

イモヅル式解説

コストプラス価格決定法は，製品の製造原価，仕入れたときの価格，管理費や輸送費などの間接的にかかる費用などのコストに対し，一定のマージン（利益）を上乗せして販売価格を決定する価格決定法である（**ウ**）。

さまざまな価格の決め方をまとめて覚えよう。

需要価格設定法	買い手が認める品質や価格をリサーチし，訴求力のある価格を決定する方法（**ア**）。
市場価格追随法	業界の平均水準や競合企業の設定価格を参考に，競争力のある価格を決定する方法（**イ**）。
目標利益法	目標販売量を基に，総費用吸収後に一定の利益率が確保できる価格を設定する方法（**エ**）。

イモヅル復習問題 ➡ Q200

正解　**ウ**

でる度 ★☆☆

Q 202 **SFA（Sales Force Automation）の基本機能の一つであるコンタクト管理について説明しているものはどれか。**

ア 営業担当者からの問合せに対して迅速に回答することによって，営業効率を高める。

イ 顧客への対応を営業担当者が個別に行うのではなく，営業組織全体で行うことによって受注率を向上させる。

ウ 顧客訪問日，営業結果などの履歴を管理し，見込客や既存客に対して効果的な営業活動を行う。

エ 個人レベルで蓄積している営業テクニックを洗い出して共有化し，営業部門全体のレベル向上を図る。

サクッと正解

営業支援システムである**SFA**におけるコンタクト管理は，顧客と接触した履歴を管理するための機能である。

イモヅル式解説

SFAは営業活動を支援するためのシステムである。進捗管理の機能として，商談案件ごとに案件内容を管理する**案件管理**，担当者ごとの行動を管理する**行動管理**，顧客とのやり取りなどを管理する**コンタクト管理**などがある。さらに，これらの情報を共有するための機能など，システムによって様々な基本機能が備えられている。

コンタクト管理は，顧客を訪問した日時や営業の結果など，顧客と接触した履歴を一元的に管理することで，見込客や既存客に対して効果的な営業活動を行う（**ウ**）ための機能である。

営業担当者からの問合せに迅速に回答すること（**ア**），顧客への対応を営業組織全体で行うこと（**イ**）は，営業支援につながる取組みであるが，コンタクト管理の機能ではない。

個人レベルで蓄積している情報や営業テクニックなどのノウハウを洗い出して共有化し，営業部門全体のレベル向上を図ること（**エ**）は，**ナレッジマネジメント**〔➡Q205〕と呼ばれる。

正解 **ウ**

でる度★★★

Q 203 **バランススコアカードの内部ビジネスプロセスの視点における戦略目標と業績評価指標の例はどれか。**

ア 持続的成長が目標であるので，受注残を指標とする。
イ 主要顧客との継続的な関係構築が目標であるので，クレーム件数を指標とする。
ウ 製品開発力の向上が目標であるので，製品開発領域の研修受講時間を指標とする。
エ 製品の製造の生産性向上が目標であるので，製造期間短縮日数を指標とする。

サクッと正解

内部ビジネスプロセスの視点では，製造期間の短縮など業務プロセスの目標を指標とする。

イモヅル式解説

バランススコアカード〈=BSC ; Balanced Score Card〉は，①**財務**，②**顧客**，③**業務プロセス**（**内部ビジネスプロセス**），④**学習と成長**，の4つの視点から業績を評価する分析手法である。製品の製造の生産性向上が目標であるので，製造期間短縮日数を指標とする（**エ**）のは，内部ビジネスプロセスの視点における戦略目標と業績評価指標の適切な例である。

- 持続的成長が目標であるので，受注残を指標とする（**ア**）のは，**財務**の視点における戦略目標と業績評価指標の例である。
- 主要顧客との継続的な関係構築が目標であるので，クレーム件数を指標とする（**イ**）のは，**顧客**の視点における戦略目標と業績評価指標の例である。
- 製品開発力の向上が目標であるので，製品開発領域の研修受講時間を指標とする（**ウ**）のは，**学習と成長**の視点における戦略目標と業績評価指標の例である。

イモヅル復習問題 ➡ Q196

正解 **エ**

Q204

表は，投資目的に応じて，投資分類とKPIを整理したものである。投資目的のcに当てはまるものはどれか。ここで，ア～エはa～dのいずれかに入る。

投資目的	投資分類	KPI
a	業務効率化投資	納期の遵守率，月次決算の所要日数
b	情報活用投資	提案事例の登録件数，顧客への提案件数
c	戦略的投資	新規事業のROI，新製品の市場シェア
d	IT基盤投資	システムの障害件数，検索の応答時間

ア　作業プロセスの改善，作業品質の向上
イ　システム維持管理コストの削減，システム性能の向上
ウ　ナレッジの可視化，ナレッジの共有
エ　ビジネスの創出，競争優位の確立

サクッと正解

新規事業の**ROI**を向上させるのは，ビジネスの創出。
新製品の**市場シェア**は，競争優位を確立することで拡大。

イモヅル式解説

KPI〈=Key Performance Indicator〉は，企業が目標達成に向けて行う活動の実行状況を評価するために設定する**重要業績評価指標**である。そのほかの選択肢もまとめて覚えよう。

ア　**作業プロセス**を改善すれば，月次決算の所要日数を短縮でき，**作業品質**が向上すれば，納期の遵守率も向上する（**a**）。
イ　システム**維持管理コスト**の削減は，システムの障害件数に関係し，**システム性能**の向上は，検索の応答時間に直結する（**d**）。
ウ　個人が持つ知識やスキルである**ナレッジ**の可視化は顧客への提案件数に，ナレッジの共有は提案事例の登録件数につながる（**b**）。
エ　ビジネスを創出すれば新規事業の**ROI**〔➡**Q173**〕が向上し，競争優位を確立すれば新製品の市場シェアの拡大につながる（**c**）。

イモヅル復習問題 ➡ Q173

正解　**エ**

でる度 ★★☆

Q205 ナレッジマネジメントを説明したものはどれか。

ア　企業内に散在している知識を共有化し，全体の問題解決力を高める経営を行う。

イ　迅速な意思決定のために，組織の階層をできるだけ少なくしたフラット型の組織構造によって経営を行う。

ウ　優れた業績を上げている企業との比較分析から，自社の経営革新を行う。

エ　他社にはまねのできない，企業独自のノウハウや技術などの強みを核とした経営を行う。

サクッと正解

ナレッジマネジメントとは，個人が持つ知識を共有し，組織全体の能力を高めること。

イモヅル式解説

ナレッジマネジメントとは，個人が保有するノウハウや経験などの暗黙知を，他者と共有できる形式知にすることで，創造的な仕事につなげていく管理手法のこと。企業においては，組織内に散在している知識を共有化し，全体の問題解決力を高める経営を行う（**ア**）ことである。

フラット型組織	迅速な意思決定のために，組織の階層をできるだけ少なくしたフラット型の組織構造（**イ**）。
ベンチマーキング〔➡Q161〕	優れた業績を上げている企業との比較分析を行うこと（**ウ**）。
コアコンピタンス経営	他社にはまねのできない，企業独自のノウハウや技術などの強みであるコアコンピタンス〔➡Q193〕を核とした経営（**エ**）。

イモヅル復習問題 ➡Q171，Q193

正解　ア

でる度★★★

Q206

サプライチェーンマネジメントを説明したものはどれか。

ア　購買，生産，販売及び物流を結ぶ一連の業務を，企業内，企業間で全体最適の視点から見直し，納期短縮や在庫削減を図る。

イ　個人がもっているノウハウや経験などの知的資産を組織全体で共有して，創造的な仕事につなげていく。

ウ　社員のスキルや行動特性を把握し，人事戦略の視点から適切な人員配置・評価などのマネジメントを行う。

エ　多様なチャネルを通して集められた顧客情報を一元化し，活用することによって，顧客との関係を密接にしていく。

サクッと正解

サプライチェーンマネジメントとは，生産から販売までの業務を最適化する手法のこと。

イモヅル式解説

サプライチェーンマネジメント〈＝SCM；Supply Chain Management〉は，購買，生産，販売及び物流を結ぶ一連の業務を，企業内，企業間で全体最適の視点から見直し，納期短縮や在庫削減を図る経営管理手法である（**ア**）。「マネジメント」に関連するそのほかの選択肢の内容もまとめて覚えよう。

ナレッジマネジメント〔➡Q205〕	個人がもっているノウハウや経験などの知的資産を組織全体で共有し，創造的な仕事につなげていく手法（**イ**）。
HRM〈＝Human Resource Management〉	社員のスキルや行動特性を把握し，人事戦略の視点から適切な人員配置・評価などを行う人的資源管理（**ウ**）。
CRM〈＝Customer Relationship Management〉〔➡Q184〕	多様なチャネルを通して集められた顧客情報を一元化し，活用することによって，顧客との関係を密接にしていく手法（**エ**）。

正解　**ア**

でる度 ★★☆

Q 207

サイトアクセス者の総人数に対して，最終成果である商品やサービスの購入に至る人数の割合を高める目的でショッピングサイトの画面デザインを見直すことにした。効果を測るために，見直し前後で比較すべき，効果を直接示す値はどれか。

ア　ROAS（Return On Advertising Spend）
イ　コンバージョン率
ウ　バナー広告のクリック率
エ　ページビュー

サクッと正解

最終成果である商品やサービスの購入に至る割合は，**コンバージョン率**である。

イモヅル式解説

最終成果である商品やサービスの購入に至る割合は，**コンバージョン率**で示される。デジタルマーケティングで用いられる指標をまとめて覚えよう。

ページビュー〈=PV；Page View〉（**エ**）	Webページが表示された回数。
クリック率〈=CTR；Click Through Rate〉（**ウ**）	バナー広告などが表示されたインプレッション数に対し，広告がクリックされた回数の割合。
コンバージョン率（**イ**）	サイトアクセス者の総人数に対して，最終成果である商品購入や資料請求などの成約に至った人数の割合。
CPA〈=Cost Per Acquisition〉	Webサイト上の広告から商品購入に至った顧客の1人当たりの広告コストを示す指標。
ROAS（**ア**）	Webサイト上の広告にかけた費用に対し，その広告からどれだけの収益を得ることができたかを表す指標。

正解　**イ**

Q 208

インターネットを活用した仕組みのうち，クラウドファンディングを説明したものはどれか。

ア　Webサイトに公表されたプロジェクトの事業計画に協賛して，そのリターンとなる製品や権利の入手を期待する不特定多数の個人から小口資金を調達すること

イ　Webサイトの閲覧者が掲載広告からリンク先のECサイトで商品を購入した場合，広告主からそのWebサイト運営者に成果報酬を支払うこと

ウ　企業などが，委託したい業務内容を，Webサイトで不特定多数の人に告知して募集し，適任と判断した人々に当該業務を発注すること

エ　複数のアカウント情報をあらかじめ登録しておくことによって，一度の認証で複数の金融機関の口座取引情報を一括して表示する個人向けWebサービスのこと

サクッと正解

クラウドファンディングとは，不特定多数から資金を調達すること。

イモヅル式解説

クラウドファンディングは，公表されたプロジェクトの事業計画に協賛し，リターンとなる製品や権利などの入手を期待する個人から小口資金を調達することである（**ア**）。「Crowd」は「群衆」のこと。

アフィリエイト	Webサイトの閲覧者が掲載広告からリンク先のECサイトで商品を購入した場合，広告主がそのWebサイト運営者に成果報酬を支払う仕組み（**イ**）。
クラウドソーシング〈=Crowd Sourcing〉	企業などが，委託したい業務内容を，Webサイトで不特定多数の人に告知して募集し，適任と判断した人々に当該業務を発注する仕組み（**ウ**）。
アカウントアグリゲーション	複数のアカウント情報を登録しておくことで，一度の認証で複数の金融機関の口座取引情報を一括表示する個人向けWebサービスのこと（**エ**）。

正解　ア

でる度★★☆

Q 209 **技術経営におけるプロダクトイノベーションの説明として，適切なものはどれか。**

ア 新たな商品や他社との差別化ができる商品を開発すること
イ 技術開発の成果によって事業利益を獲得すること
ウ 技術を核とするビジネスを戦略的にマネジメントすること
エ 業務プロセスにおいて革新的な改革をすること

サクッと正解

プロダクトイノベーションとは，新たな商品や他社との差別化ができる商品を開発すること。

イモヅル式解説

イノベーションとは，新しい組合せや捉え方のこと。技術革新もイノベーションの1つである。**プロダクトイノベーション**と**プロセスイノベーション**などに分類できる。

プロダクトイノベーション	革新的な新しい商品や他社との差別化ができる製品やサービスを開発すること（**ア**）。
プロセスイノベーション	業務プロセスにおいて革新的な改革をすること（**エ**）。
ラディカルイノベーション	経営構造の全面的な変革を必要とする技術革新。
インクリメンタルイノベーション	既存製品の細かな部品改良を積み重ねる技術革新。
MOT〈=**Management of Technology**〉	技術に立脚する事業を行う企業が，技術開発に投資してイノベーションを促進しながら成果を出すことで，持続的に事業利益を獲得していく経営の考え方（**イ**）。
技術戦略マネジメント	技術を核とするビジネスを戦略的にマネジメントしようとする経営の考え方（**ウ**）。

正解 **ア**

でる度 ★★☆

Q 210

技術は，理想とする技術を目指す過程において，導入期，成長期，成熟期，衰退期，そして次の技術フェーズに移行するという進化の過程をたどる。この技術進化過程を表すものはどれか。

ア 技術のSカーブ
イ 需要曲線
ウ バスタブ曲線
エ ラーニングカーブ

サクッと正解

技術進化の過程を表す曲線は，**技術のSカーブ**である。

イモヅル式解説

技術のSカーブ（**ア**）は，技術の成熟過程を示すものである。新技術が実際に普及するまでの間，時間の経過とともに変化する認知度の推移を示す曲線である。

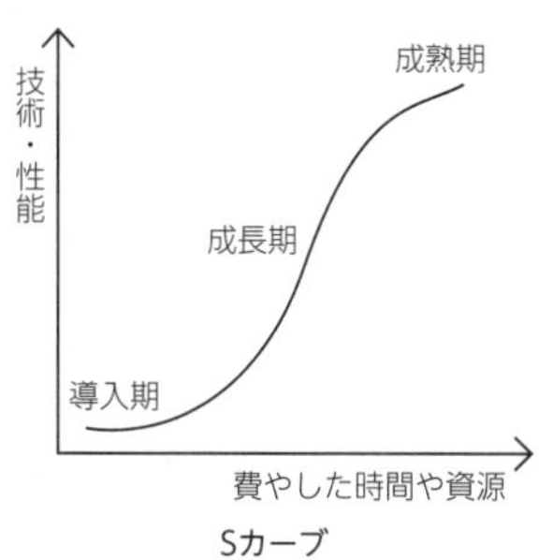

Sカーブ

需要曲線（**イ**）	販売価格と需要数量の関係を表す曲線。
バスタブ曲線（**ウ**）	時間の経過と故障率の関係を表す故障率曲線。
ラーニングカーブ（**エ**）	時間の経過と正答数や誤答数の関係を表す学習曲線。

イモヅル復習問題 ➡ Q209

正解 **ア**

でる度★★★

Q 211

生産現場における機械学習の活用事例として，適切なものはどれか。

ア　工場における不良品の発生原因をツリー状に分解して整理し，アナリストが統計的にその原因や解決策を探る。

イ　工場の生産設備を高速通信で接続し，ホストコンピュータがリアルタイムで制御できるようにする。

ウ　工場の生産ロボットに対して作業方法をプログラミングするのではなく，ロボット自らが学んで作業の効率を高める。

エ　累積生産量が倍増するたびに工場従業員の生産性が向上し，一定の比率で単位コストが減少する。

サクッと正解

機械学習では，ロボット自らが学んで生産性を高められる。

イモヅル式解説

AIにおける**機械学習**〔➡Q020〕は，記憶したデータから特定のパターンを見つけ出すなど，人が自然に行っている学習能力をコンピュータにもたせるための技術である。活用事例として，工場の生産ロボットに対して作業方法をプログラミングするのではなく，ロボット自らが学んで作業の効率を高める（ウ）などが挙げられる。

- 工場における不良品の発生原因をツリー状に分解して整理し，アナリストが統計的にその原因や解決策を探る（ア）ことは，**故障の木解析**〈＝FTA；Fault Tree Analysis〉などの活用事例である。
- 工場の生産設備を高速通信で接続し，ホストコンピュータがリアルタイムで制御できるようにする（イ）ことは，機器同士がコンピュータネットワークを通じて直接やり取りする**MtoM**〈＝Machine to Machine〉の活用事例である。
- 累積生産量が倍増するたびに工場従業員の生産性が向上し，一定の比率で単位コストが減少する（エ）ことは，**エクスペリエンスカーブ**の活用事例である。

イモヅル復習問題 ➡ Q020

正解　ウ

でる度★★★

Q212

車載機器の性能の向上に関する記述のうち，ディープラーニングを用いているものはどれか。

ア　車の壁への衝突を加速度センサが検知し，エアバッグを膨らませて搭乗者をけがから守った。

イ　システムが大量の画像を取得し処理することによって，歩行者と車をより確実に見分けることができるようになった。

ウ　自動でアイドリングストップする装置を搭載することによって，運転経験が豊富な運転者が運転する場合よりも燃費を向上させた。

エ　ナビゲーションシステムが，携帯電話回線を通してソフトウェアのアップデートを行い，地図を更新した。

サクッと正解

ディープラーニングを用いた成果として，歩行者と車の識別率の向上などが挙げられる。

イモヅル式解説

ディープラーニングは，人間の脳神経回路を模倣し，コンピュータ自らの学習により認識や判断などを行うことを実現する手法である。学習には主に**ニューラルネットワーク**などが用いられ，人間と同じような認識や判断ができるようにする。ニューラルネットワークは，人間の脳内にある神経回路を数学的なモデルで表現したものである。

システムが大量の画像を取得し，処理することにより，歩行者と車をより確実に見分けることができるようになった（**イ**）のは，ディープラーニングによりシステムが認識できるようになった成果といえる。

イモヅル復習問題 ➡ Q021，Q211

正解　イ

Q213 "かんばん方式"を説明したものはどれか。

ア 各作業の効率を向上させるために，仕様が統一された部品，半製品を調達する。

イ 効率よく部品調達を行うために，関連会社から部品を調達する。

ウ 中間在庫を極力減らすために，生産ラインにおいて，後工程の生産に必要な部品だけを前工程から調達する。

エ より品質が高い部品を調達するために，部品の納入指定業者を複数定め，競争入札で部品を調達する。

サクッと正解

かんばん方式とは，後工程が必要な部品だけを前工程から調達する生産方式のこと。

イモヅル式解説

かんばん方式は，前工程が後工程から「かんばん」と呼ばれる作業指示票を受け取り，前工程が生産部品とともに「かんばん」を後工程に渡しながら生産していく方式である。前工程は「かんばん」の指示内容により，在庫を最小限に抑えて生産する。後工程に引き渡す分だけ生産することにより，前工程で過剰に部品を生産することがなくなり，中間在庫が減って効率化する効果がある。

ジャストインタイム生産方式〈=JIT；Just In Time〉	必要な物を，必要なときに，必要な量だけ生産する方式。
受注生産方式〈=BTO；Build to Order〉	顧客からの注文を受けてから生産を開始する方式。
ライン生産方式	各工程が自立的に稼動し，前工程の生産したものをもとに後工程が生産を行う方式。
セル生産方式	部品の組立てから完成検査までの全工程を，1人または数人で行う方式。

正解 ウ

Q214 MRPの特徴はどれか。

ア 顧客の注文を受けてから製品の生産を行う。
イ 作業指示票を利用して作業指示，運搬指示をする。
ウ 製品の開発，設計，生産準備を同時並行で行う。
エ 製品の基準生産計画を基に，部品の手配数量を算出する。

サクッと正解

MRPとは，生産計画を基にして部品や資材などの手配数量を算出する仕組みのこと。

イモヅル式解説

MRP〈=Materials Requirements Planning；資材所要量計画〉は，製品の生産計画に合わせて必要な部品や資材などの所要量を求め（**エ**），資材の手配を行う仕組みである。最終製品の納期と製造量に基づき，製造に必要な構成部品の在庫量の最適化を図ることができる。

- 顧客の注文を受けてから製品の生産を行う（**ア**）のは，**BTO**〈=Build to Order；受注生産方式〉〔➡Q213〕の特徴である。
- 作業指示票を利用して作業指示，運搬指示をする（**イ**）のは，**かんばん方式**〔➡Q213〕の特徴である。
- 製品の開発，設計，生産準備を同時並行で行う（**ウ**）のは，**コンカレントエンジニアリング**〔➡Q139〕の特徴である。

ちょっと深堀り リバースエンジニアリング

リバースエンジニアリング〔➡Q139〕は，製品の製造などにおいて対象のシステムやソフトウェア，プログラムなどを解析し，その仕様を調査して，設計情報を抽出するなど，既に存在している製品の構造を分析することで，設計や素材，アルゴリズム，ソースコードなどを明らかにしていく手法である。

イモヅル復習問題 ➡Q213　　正解 **エ**

でる度★★★

Q215

CGM（Consumer Generated Media）の例はどれか。

ア　企業が，経営状況や財務状況，業績動向に関する情報を，個人投資家向けに公開する自社のWebサイト

イ　企業が，自社の商品の特徴や使用方法に関する情報を，一般消費者向けに発信する自社のWebサイト

ウ　行政機関が，政策，行政サービスに関する情報を，一般市民向けに公開する自組織のWebサイト

エ　個人が，自らが使用した商品などの評価に関する情報を，不特定多数に向けて発信するブログやSNSなどのWebサイト

サクッと正解

CGMとは，ユーザや消費者によって自主的に作成されるメディアのこと。

イモヅル式解説

CGMは，個人が自ら使用した商品などの評価に関する情報を，不特定多数に向けて発信するブログやSNSなどのWebサイト（**エ**）の総称である。関連するキーワードをまとめて覚えよう。

ソーシャルメディア	利用者が発信する情報をインターネットを介して多数の利用者に幅広く伝播させ，利用者同士のつながりを促進させる仕組み。
アフィリエイト〔➡Q208〕	Webサイトの閲覧者が掲載広告からリンク先のECサイトで商品を購入した場合，広告主がそのWebサイト運営者に成果報酬を支払う仕組み。
検索連動型広告	あらかじめターゲットとなるキーワードを指定し，そのキーワードが検索されたときに広告が表示される仕組み。
eマーケットプレイス	売り手と買い手が，インターネット上に設けられた市場を通じて出会い，中間流通業者を介さず，直接取引を行う仕組み。

イモヅル復習問題 ➡Q208

正解　エ

でる度★★★

Q216

ブロックチェーンによって実現されている仮想通貨マイニングの説明はどれか。

ア　仮想通貨取引の確認や記録の計算作業に参加し，報酬として仮想通貨を得る。
イ　仮想通貨を売買することによってキャピタルゲインを得る。
ウ　個人や組織に対して，仮想通貨による送金を行う。
エ　実店舗などで仮想通貨を使った支払や決済を行う。

サクッと正解

仮想通貨マイニングとは，仮想通貨取引の計算作業に参加して報酬を得ること。

イモヅル式解説

ブロックチェーンは，複数の取引記録をまとめたデータを順次作成するときに，そのデータに直前のデータの**ハッシュ値**を埋め込むことによって，データを相互に関連付け，取引記録の矛盾がなく，改ざんを困難にすることで，データの信頼性を高める技術である。

仮想通貨（暗号資産）マイニングとは，仮想通貨取引の確認や記録の計算作業に参加し，報酬として仮想通貨を得ること（ア）。仮想通貨を得るために，第三者がマルウェアにより他人のデバイスを秘密裏に使ってマイニングを行わせる攻撃を**クリプトジャッキング**と呼ぶ。

ちょっと深堀り　暗号資産（仮想通貨）

暗号資産（仮想通貨）とは，インターネット上でやり取りできる財産的価値のこと。「資金決済に関する法律」では下記の性質があるものと定義されている。
①不特定の者に対して，代金の支払いなどに使用でき，かつ円やドルなどの法定通貨と相互に交換できる。
②電子的に記録され，移転できる。
③法定通貨またはプリペイドカードなど，法定通貨建ての資産ではない。

正解　ア

でる度★☆☆

Q217 ネットビジネスでのOtoOの説明はどれか。

ア 基本的なサービスや製品を無料で提供し，高度な機能や特別な機能については料金を課金するビジネスモデルである。

イ 顧客仕様に応じたカスタマイズを実現するために，顧客からの注文後に最終製品の生産を始める方式である。

ウ 電子商取引で，代金を払ったのに商品が届かない，商品を送ったのに代金が支払われないなどのトラブルが防止できる仕組みである。

エ モバイル端末などを利用している顧客を，仮想店舗から実店舗に，又は実店舗から仮想店舗に誘導しながら，購入につなげる仕組みである。

サクッと正解

OtoOとは，実店舗とネットショップを行き来させて購入を促す仕組みのこと。

イモヅル式解説

OtoO〈=Online to Offline〉は，モバイル端末などを利用している顧客を，仮想店舗から実店舗に，または実店舗から仮想店舗に誘導しながら，購入につなげる仕組みである（**エ**）。

フリーミアム	基本的な製品やサービスを無料で提供し，高度な機能や特別な機能などは料金を課金するビジネスモデル（**ア**）。**ロングテール**〔➡Q218〕の提唱者でもある『ワイヤード』誌のクリス・アンダーソン編集長が提唱。
BTO〈=Build To Order〉〔➡Q213〕	顧客仕様に応じたカスタマイズを実現するために，顧客からの注文後に最終製品の生産を始める方式（**イ**）。
エスクローサービス	電子商取引で，代金を支払ったのに商品が届かない，商品を送ったのに代金が支払われないなどのトラブルを防止できる仕組み（**ウ**）。

イモヅル復習問題 ➡Q213

正解 **エ**

Q218 ロングテールを説明したものはどれか。

ア　一般に80：20という経験則として知られ，企業の売上の80%は全商品の上位20%の売れ筋商品で構成される，又は品質不良による損失額の80%は全不良原因の上位20%の原因に由来する。

イ　インターネットを活用したオンラインショップなどでは，販売機会が少ない商品でもアイテム数を幅広く取りそろえることによって，機会損失のリスクを減らす効果がある。

ウ　企業が複数の事業活動を同時に営むことによって，経営資源の共有が可能になり，それを有効に利用することで，それぞれの事業を独立に行っているときよりもコストが相対的に低下する。

エ　ネットワークに加入している者同士が相互にアクセスできる有用性を“ネットワークの価値”とすれば，ネットワークの価値は加入者数の2乗に近似的に比例する。

サクッと正解

ロングテールとは，あまり売れない商品でも取扱い数を増やせば利益につながるという考え方。

イモヅル式解説

ロングテールは，販売機会の少ない商品でもアイテム数を幅広く揃えることにより，機会損失を減らす効果があるとする考え方（**イ**）である。

パレートの法則	売上の80%は全商品の上位20%の売れ筋商品で構成される，または品質不良による損失の80%は全不良原因の上位20%の原因に由来するという考え方（**ア**）。
範囲の経済	企業が複数の事業活動を同時に営むことにより，経営資源の共有が可能になり，それぞれの事業を独立に行うときよりコストが低下するという考え方（**ウ**）。
ネットワーク外部性（ネットワーク効果）	ネットワークで相互にアクセスできる有用性を“ネットワークの価値”としたとき，“ネットワークの価値”は加入者数の2乗に近似的に比例するという考え方（**エ**）。

正解　**イ**

でる度★★★

Q 219 **IoTの応用事例のうち，HEMSの説明はどれか。**

ア　工場内の機械に取り付けたセンサで振動，温度，音などを常時計測し，収集したデータを基に機械の劣化状態を分析して，適切なタイミングで部品を交換する。

イ　自動車に取り付けたセンサで車両の状態，路面状況などのデータを計測し，ネットワークを介して保存し分析することによって，効率的な運転を支援する。

ウ　情報通信技術や環境技術を駆使して，街灯などの公共設備や交通システムをはじめとする都市基盤のエネルギーの可視化と消費の最適制御を行う。

エ　太陽光発電装置などのエネルギー機器，家電機器，センサ類などを家庭内通信ネットワークに接続して，エネルギーの可視化と消費の最適制御を行う。

サクッと正解

HEMSは，エネルギー消費量の可視化と最適化を行うシステム。

イモヅル式解説

HEMS〈=Home Energy Management System〉は，エネルギー機器，家電機器，センサ類などを家庭内通信ネットワークに接続し，エネルギーの可視化と消費の最適制御を行うシステム（**エ**）である。

予知保全	機械に取り付けたセンサで振動，温度，音などを計測し，収集したデータから機械の劣化状態を分析して，適切なタイミングで部品を交換するシステム（**ア**）。
ADAS〈=Advanced Driver Assistance Systems〉	自動車に取り付けたセンサで車両や路面の状況などのデータを計測し，ネットワークを介して保存・分析することで，効率的な運転を支援するシステム（**イ**）。
スマートシティ〔➡Q177〕	情報通信技術や環境技術を駆使し，公共設備や交通システムをはじめとする都市基盤のエネルギーの可視化と消費の最適制御を行うシステム（**ウ**）。

正解　**エ**

でる度★★☆

Q220

ディジタルサイネージの説明として，適切なものはどれか。

ア　情報技術を利用する機会又は能力によって，地域間又は個人間に生じる経済的又は社会的な格差
イ　情報の正当性を保証するために使用される電子的な署名
ウ　ディスプレイに映像，文字などの情報を表示する電子看板
エ　不正利用を防止するためにデータに識別情報を埋め込む技術

サクッと正解

ディジタルサイネージとは，電子看板のこと。

イモヅル式解説

ディジタルサイネージ〈=Digital Signage〉は，ディスプレイに映像や文字などの情報を表示する電子看板（**ウ**）である。ディスプレイ装置の改良や無線LANなどのネットワークの発展を背景に，様々な場所で情報発信のメディアとして普及が進んでいる。

ディジタルディバイド〔➡Q178〕	情報技術を利用する機会や能力などにより，地域間や個人間などに生じる経済的または社会的な格差（**ア**）。
ディジタル署名〔➡Q101〕	情報の正当性を保証するために使用される電子的な署名（**イ**）。
ディジタルウォーターマーク（電子透かし）	不正利用を防止するためにデータに識別情報を埋め込む技術（**エ**）。
ディジタルトランスフォーメーション（DX）	企業がデータやディジタル技術などを活用し，事業戦略や業務内容などを根底から変革させること。
ディジタルデモクラシー	インターネットなどの活用により，住民が直接，政府や自治体の政策に参画できること。

イモヅル復習問題 ➡Q178

正解　**ウ**

でる度★★★

Q221

BCP（事業継続計画）の策定，運用に関する記述として，適切なものはどれか。

ア　ITに依存する業務の復旧は，技術的に容易であることを基準に優先付けする。

イ　計画の内容は，経営戦略上の重要事項となるので，上級管理者だけに周知する。

ウ　計画の内容は，自社組織が行う範囲に限定する。

エ　自然災害に加え，情報システムの機器故障やマルウェア感染も検討範囲に含める。

サクッと正解

BCPの検討範囲は，事業継続に不可欠なものすべてが含まれる。

イモヅル式解説

BCP〈=Business Continuity Plan〉は，事業中断の原因とリスクを想定し，未然に回避するか，または被害を受けても速やかに回復できるように，方針や**行動手順**を規定したものである。

自然災害に加え，情報システムの機器故障やマルウェア感染も検討範囲に含める（**エ**）必要がある。

BCPの優先順位は，**事業継続**の観点から決定すべきであり，技術的に容易であることを基準に優先付けする（**ア**）のは適切ではない。

また，事業に欠かせない構成要素を含む必要があるので，計画の内容を上級管理者だけに周知したり（**イ**），自社組織が行う範囲に限定したり（**ウ**）するのは適切ではない。

ちょっと深堀り　BPM

BPM〈=Business Process Management〉〔➡**Q184**〕は，企業の目標を達成するために業務内容や業務の流れを可視化し，一定のサイクルをもって継続的に業務プロセスを改善する活動である。

イモヅル復習問題 ➡**Q163**

正解　**エ**

でる度★★☆

Q222 マトリックス組織を説明したものはどれか。

ア　業務遂行に必要な機能と利益責任を，製品別，顧客別又は地域別にもつことによって，自己完結的な経営活動が展開できる組織である。

イ　構成員が，自己の専門とする職能部門と特定の事業を遂行する部門の両方に所属する組織である。

ウ　購買・生産・販売・財務など，仕事の専門性によって機能分化された部門をもつ組織である。

エ　特定の課題の下に各部門から専門家を集めて編成し，期間と目標を定めて活動する一時的かつ柔軟な組織である。

サクッと正解

マトリックス組織は，構成員が複数の部門に所属する組織形態。

イモヅル式解説

マトリックス組織は，構成員が，自己の専門とする職能部門と特定の事業を遂行する部門の両方に所属する組織である（**イ**）。

事業部制組織	業務遂行に必要な機能と利益責任を，製品別，顧客別，地域別にもつことにより，自己完結的な経営活動が展開できる組織（**ア**）。
職能別組織	購買・生産・販売・財務など，仕事の専門性によって機能分化された部門をもつ組織（**ウ**）。
プロジェクト組織	恒常的でない特定の課題の下に各部門から専門家を集めて編成し，期間と目標を定めて活動する一時的かつ柔軟な組織（**エ**）。
ラインアンドスタッフ組織	業務の遂行に直接かかわるラインと，ラインの業務を補佐するスタッフで構成される組織。
カンパニ制組織	迅速な意思決定と経営責任の明確化を目指し，企業内に事業領域ごとに独立した仮想的な組織を編成した組織。

正解　**イ**

でる度★★★

Q 223 CIOの果たすべき役割はどれか。

ア　各部門の代表として，自部門のシステム化案を情報システム部門に提示する。
イ　情報技術に関する調査，利用研究，関連部門への教育などを実施する。
ウ　全社的観点から情報化戦略を立案し，経営戦略との整合性の確認や評価を行う。
エ　豊富な業務経験，情報技術の知識，リーダシップをもち，プロジェクトの運営を管理する。

サクッと正解

CIOは，組織全体の情報化戦略を司る役職である。

イモヅル式解説

CIO〈=Chief Information Officer；最高情報責任者〉は，全社的観点から情報化戦略を立案し，経営戦略との整合性の確認や評価を行う（ウ）役職である。なお，豊富な業務経験，情報技術の知識，リーダシップをもち，プロジェクトの運営を管理する（エ）のは，**プロジェクトマネージャ**の役割である。

CIOのほかに「C～O」の役職をまとめて覚えよう。

CEO〈=Chief Executive Officer〉	最高経営責任者
COO〈=Chief Operating Officer〉	最高執行責任者
CFO〈=Chief Financial Officer〉	最高財務責任者
CTO〈=Chief Technology Officer〉	最高技術責任者
CLO〈=Chief Legal Officer〉	最高法務責任者
CPO〈=Chief Privacy Officer〉	最高個人情報保護責任者
CMO〈=Chief Marketing Officer〉	最高マーケティング責任者

正解　ウ

でる度★★★

Q 224 **連関図法を説明したものはどれか。**

ア　事態の進展とともに様々な事象が想定される問題について，対応策を検討して望ましい結果に至るプロセスを定める方法である。

イ　収集した情報を相互の関連によってグループ化し，解決すべき問題点を明確にする方法である。

ウ　複雑な要因の絡み合う事象について，その事象間の因果関係を明らかにする方法である。

エ　目的・目標を達成するための手段・方策を順次展開し，最適な手段・方策を追求していく方法である。

サクッと正解

連関図法は，複雑に絡み合う事象の因果関係を明らかにする方法。

イモヅル式解説

連関図法は，複雑な要因の絡み合う事象について，その事象間の原因と結果である因果関係を明らかにする図法である（**ウ**）。

PDPC法〈=Process Decision Program Chart〉	事態の進展とともに様々な事象が想定される問題について，対応策を検討して望ましい結果に至るプロセスを定める図法（**ア**）。過程決定計画図とも呼ばれる。
親和図	収集した情報を相互の関連によってグループ化し，解決すべき問題点を明確にする図法（**イ**）。
系統図	目的・目標を達成するための手段・方策を順次展開し，最適な手段・方策を追求していく図法（**エ**）。
特性要因図	原因と結果の関連を魚の骨のような形状で体系的にまとめ，結果に対する原因を明確にする図法。
ヒストグラム	データをいくつかの区間に分類し，データの個数を棒グラフとして描き，品質のばらつきを把握する図法。
管理図	時系列データのばらつきを折れ線グラフで表し，管理限界線を利用して品質を客観的に管理する図法。

正解　ウ

でる度★★★

Q225

ある商品の前月繰越と受払いが表のとおりであるとき，先入先出法によって算出した当月度の売上原価は何円か。

日付	摘要	受払個数		単価（円）
		受入	払出	
1日	前月繰越	100		200
5日	仕入	50		215
15日	売上		70	
20日	仕入	100		223
25日	売上		60	
30日	翌月繰越		120	

ア 26,290　**イ** 26,450　**ウ** 27,250　**エ** 27,586

サクッと正解

先入先出法では，当月度の売上原価を次のように計算する。
単価200円×100個＋単価215円×30個＝売上原価26,450円

イモヅル式解説

棚卸資産額などの計算方法には**先入先出法**や**後入先出法**などがある。

先入先出法〈=FIFO；First In, First Out〉〔➡Q015〕	先に入庫したものから順に出庫すると考える計算方法。
後入先出法〈=LIFO；Last In, First Out〉〔➡Q016〕	後に入庫したものから順に出庫すると考える計算方法。

売上による出庫が，15日70個＋25日60個＝**130**個ある。先入先出法では，前月繰越の100個と5日に仕入れた（入庫した）50個から，30個が出庫したものとして，売上原価を次のように計算する。

単価200円×**100**個＋単価215円×**30**個＝**20,000**円＋**6,450**円
＝**26,450**円

イモヅル復習問題 ➡ Q015，Q016

正解 **イ**

でる度★★☆

Q226

売上高が100百万円のとき，変動費が60百万円，固定費が30百万円掛かる。変動費率，固定費は変わらないものとして，目標利益18百万円を達成するのに必要な売上高は何百万円か。

ア 108
イ 120
ウ 156
エ 180

サクッと正解

「**利益**＝売上高－変動費－固定費」で計算。

イモヅル式解説

変動費率を計算すると，変動費60百万円÷売上高100百万円＝0.6
目標利益18百万円を達成するのに必要な売上高をxとおくと，
　18百万円＝x－（x×0.6）百万円－固定費30百万円
この式からxを求めればよい。
　　18＝x－（x×0.6）－30
　　18＝x－0.6x－30
　0.4x＝48
　　　x＝48÷0.4＝**120**
別の解き方として，選択肢にある売上高の数字をxに代入し，
18＝x－0.6x－30，を順に計算してもよい。

イモヅル復習問題 ➡ Q225

正解 イ

でる度★★★

Q 227

製品X及びYを生産するために2種類の原料A，Bが必要である。製品1個の生産に必要となる原料の量と調達可能量は表に示すとおりである。製品XとYの1個当たりの販売利益が，それぞれ100円，150円であるとき，最大利益は何円か。

原料	製品Xの1個当たりの必要量	製品Yの1個当たりの必要量	調達可能量
A	2	1	100
B	1	2	80

ア 5,000　**イ** 6,000　**ウ** 7,000　**エ** 8,000

サクッと正解

最大利益は，XとYの製造可能な個数と利益を次のように計算する。
100円×40個＋150円×20個＝7,000円

イモヅル式解説

Xを優先して限界量まで生産する。Aの調達可能量が100，Bの調達可能量が80なので，Xは最大でも**50**個まで生産できる。Xの1個当たりの販売利益は100円なので，得られる利益は**5,000**円となる。

Yを優先して限界量まで生産する。Xと同様，原料の調達可能量より，Yは最大でも**40**個まで生産できる。Yの1個当たりの販売利益は150円なので，得られる利益は**6,000**円となる。

XとYの生産量の組合せを連立方程式で求めると，次のようになる。

A：$2x+y \leqq 100$　　B：$x+2y \leqq 80$

Aを変形し，$y \leqq 100-2x$　これをBに代入して，

$x+2(100-2x) \leqq 80$　　$x \geqq$ **40**

これをAに代入して，$2\times 40+y \leqq 100$　　$y \leqq$ **20**

最大利益はXを**40**個，Yを**20**個生産する組合せとわかる。

したがって，X100円×40個＋Y150円×20個＝**7,000**円

イモヅル復習問題 ➡ Q226

正解 ウ

Q228 **著作者人格権に該当するものはどれか。**

ア　印刷，撮影，複写などの方法によって著作物を複製する権利
イ　公衆からの要求に応じて自動的にサーバから情報を送信する権利
ウ　著作物の複製物を公衆に貸し出す権利
エ　自らの意思に反して著作物を変更，切除されない権利

サクッと正解

著作者人格権には，著作物を勝手に改変されない権利が含まれる。

イモヅル式解説

著作権は，思想や感情などが表現された作品（著作物）を創作した者が有する**知的財産権**〔➡Q230〕である。

著作者人格権は，著作者の人格的利益を保護するために，自らの意思に反して著作物を変更・切除されないこと（**同一性保持権**）（**エ**）などを定めている。

また，**著作財産権**は，著作者の経済的利益を保護するために，著作物が勝手に利用されることを禁止できる権利である。著作財産権の種類をまとめて覚えよう。

複製権	印刷，撮影，複写，録画，録音などの方法により，著作物を複製するなどの権利（**ア**）。
上演権等	著作物を公に上演する権利（同様に演奏，上映，展示などの権利もある）。
公衆送信権	不特定多数の公衆からの要求に応じて自動的にサーバから情報を送信できるなどの権利（**イ**）。
譲渡権	著作物の複製物を公衆へ譲渡するなどの権利。
貸与権	著作物の複製物を公衆に貸し出すなどの権利（**ウ**）。
二次的著作物の利用権	著作物を原作品とする二次的著作物の利用に関する原著作者の権利。

正解　**エ**

でる度★★★

Q 229

A社は，B社と著作物の権利に関する特段の取決めをせず，A社の要求仕様に基づいて，販売管理システムのプログラム作成をB社に委託した。この場合のプログラム著作権の原始的帰属はどれか。

ア A社とB社が話し合って決定する。
イ A社とB社の共有となる。
ウ A社に帰属する。
エ B社に帰属する。

サクッと正解

著作権は，委託開発であっても作成者に帰属する。

イモヅル式解説

著作権〔➡Q228〕は，著作物を創作した者が有する権利である。委託開発の場合，著作権は発注者ではなく，**作成者**に帰属するのが原則である。著作権は，文芸，学術，美術，音楽などの分野で思想や感情を著作物に**表現**した時点で創作した者に発生する権利である。**特許庁**などに申請して登録されることにより，一定期間，独占的に実施・使用できる権利である**産業財産権**〔➡Q230〕と異なることに注意しよう。

設問では「著作物の権利に関する特段の取決め」を行っていないので，プログラム著作権は委託を受けて開発したB社に帰属する（**エ**）ことになる。ただし，実際には，著作権の帰属について，**著作者人格権**〔➡Q228〕を行使しないことや，著作権の譲渡などについて別途取り決める契約が多い。

イモヅル復習問題 ➡Q228

正解 エ

でる度★★★

Q 230 **事業者の取り扱う商品やサービスを，他者の商品やサービスと区別するための文字，図形，記号など（識別標識）を保護する法律はどれか。**

ア 意匠法
イ 商標法
ウ 特許法
エ 著作権法

サクッと正解

ロゴマークなどの識別標識の権利を保護する法律は，**商標法**である。

イモヅル式解説

商標法は，事業者の取り扱う商品やサービスを，他者の商品やサービスと区別するための文字，図形，記号などの識別標識の権利を保護する法律である。

著作権〔➡Q228〕を保護する**著作権法**（エ）などを加え，**知的財産権**と呼んでいる。著作権に対し，下表の4つを**産業財産権**と呼ぶ。産業財産権を保護する法律をまとめて覚えよう。

特許法（ウ）	自然の法則を利用した，新規かつ高度で産業上利用可能な発明を保護。
実用新案法	物品の形状，構造，組合せに関する考案を保護。
意匠法（ア）	独創的で美感を有する物品の形状，模様，色彩などのデザインを保護。
商標法（イ）	商品やサービスを区別するために使用するマークなど（文字や図形など）を保護。

イモヅル復習問題 ➡Q228，Q229

正解 イ

でる度★★☆

Q231 **コンピュータウイルスを作成する行為を処罰の対象とする法律はどれか。**

ア 刑法
イ 不正アクセス禁止法
ウ 不正競争防止法
エ プロバイダ責任制限法

サクッと正解

コンピュータウイルスを作成する行為を処罰の対象とする法律は，**刑法**である。

イモヅル式解説

コンピュータウイルス（**マルウェア**）を正当な理由なく作成，実行，取得する行為は，未遂の場合も含め，**ウイルス作成罪**で処罰の対象になる。ウイルス作成罪は，**刑法**（ア）168条の2及び168条の3にある「不正指令**電磁的記録**に関する罪」の通称である。

不正アクセス禁止法（イ）	インターネットなどのコンピュータネットワークの通信において，不正アクセス行為とその助長行為を規制する法律。
不正競争防止法（ウ）	公正な競争と国際約束の的確な実施を確保するため，不正競争の防止を目的として設けられた法律。
プロバイダ責任制限法（エ）	インターネットなどで権利侵害があった場合に，プロバイダの損害賠償責任の範囲や，発信者情報の開示請求の権利などを定めた法律。

正解 ア

Q 232 **サイバーセキュリティ基本法の説明はどれか。**

ア　国民に対し，サイバーセキュリティの重要性につき関心と理解を深め，その確保に必要な注意を払うよう努めることを求める規定がある。

イ　サイバーセキュリティに関する国及び情報通信事業者の責務を定めたものであり，地方公共団体や教育研究機関についての言及はない。

ウ　サイバーセキュリティに関する国及び地方公共団体の責務を定めたものであり，民間事業者が努力すべき事項についての規定はない。

エ　地方公共団体を“重要社会基盤事業者”と位置づけ，サイバーセキュリティ関連施策の立案・実施に責任を負うと規定している。

サクッと正解

サイバーセキュリティ基本法は，国民に理解を深めるよう努めることを求める規定がある。

イモヅル式解説

サイバーセキュリティ基本法は，日本のサイバーセキュリティに関する施策に関する**基本理念**を定め，国と地方公共団体の**責務**などを明らかにし，サイバーセキュリティ戦略の**策定や施策の基本**となる事項を定めた法律である。

第9条には「国民は，基本理念にのっとり，サイバーセキュリティの重要性に関する関心と理解を深め，サイバーセキュリティの確保に必要な注意を払うよう努めるもの」と定められている（**ア**）。

イ，ウ　第5条では地方公共団体の責務，第8条では教育研究機関の責務に言及しており，第7条では民間事業者であるサイバー関連事業者の責務にも言及している。

エ　立案・実施の責務があるのは，地方公共団体ではなく国である。

正解　**ア**

でる度 ★★★

Q233 **個人情報保護委員会“個人情報の保護に関する法律についてのガイドライン（通則編）平成28年11月（平成29年3月一部改正）”によれば，個人情報に該当しないものはどれか。**

ア 受付に設置した監視カメラに録画された，本人が判別できる映像データ
イ 個人番号の記載がない，社員に交付する源泉徴収票
ウ 指紋認証のための指紋データのバックアップデータ
エ 匿名加工情報に加工された利用者アンケート情報

サクッと正解

個人情報には該当しないものは，個人を識別できないように加工された**匿名加工情報**など。

イモヅル式解説

個人情報保護法では，**個人情報**を「**生存**する個人に関する情報」で「氏名，生年月日その他の記述等で作られる記録により特定の個人を識別することができるもの」「**個人識別符号**が含まれるもの」と規定している。これを踏まえ，選択肢を検討する。

本人が判別できる映像データ（**ア**），通常は氏名などが記載されている源泉徴収票（**イ**），認証のための指紋データ（**ウ**）は，特定の個人を識別できると考えられる。

匿名加工情報に加工された利用者アンケート情報（**エ**）とは，「匿名加工情報」が本人を特定できないように改変されたデータのことなので，個人情報に該当しない。

イモヅル復習問題 ➡ Q232

正解 エ

でる度 ★★★

Q 234 **ソフトウェアやデータに瑕疵(かし)がある場合に，製造物責任法の対象となるものはどれか。**

ア ROM化したソフトウェアを内蔵した組込み機器
イ アプリケーションソフトウェアパッケージ
ウ 利用者がPCにインストールしたOS
エ 利用者によってネットワークからダウンロードされたデータ

サクッと正解

製造物責任法の対象となるのは動産であり，ソフトウェアは対象ではない。

イモヅル式解説

製造物責任法は，被害者の保護を目的として，製造物の安全性上の欠陥により消費者側に被害が生じた際に製造業者の損害賠償の責任について定めた法令である。「製造物責任」という意味の「Product Liability」の頭文字から**PL法**とも呼ばれる。

対象となる製造物は，製造または**加工**された**動産**と規定されているので，ソフトウェアそのものは製造物責任法の対象ではない。ただし，ROM化したソフトウェアを組込んだ機器（**ア**）は製造物であり，動産なので対象となる。

動産は，民法86条2項では「不動産以外の物」とされている。アプリケーションソフトウェアパッケージ（**イ**）とは，製品であるソフトウェアに必要とされるファイル群のことである。プログラムは**モノ**ではないので，ここでいう動産には該当しない。

同様に，PCにインストールしたOS（**ウ**）や，ダウンロードされたデータ（**エ**）もモノではなく，製造物責任法の対象ではない。

正解 **ア**

でる度★★☆

Q 235

シュリンクラップ契約において，ソフトウェアの使用許諾契約が成立するのはどの時点か。

ア　購入したソフトウェアの代金を支払った時点
イ　ソフトウェアの入ったDVD-ROMを受け取った時点
ウ　ソフトウェアの入ったDVD-ROMの包装を解いた時点
エ　ソフトウェアをPCにインストールした時点

サクッと正解 

シュリンクラップ契約で使用許諾契約が成立するのは，包装を解いた時点である。

イモヅル式解説

シュリンクラップ契約とは，プログラムの記憶媒体の**包装**を解いた時点（**ウ**）で，使用許諾契約に同意したものとみなされる契約方法である。

包装の開封箇所などに使用許諾契約の内容が記載されており，コンピュータのソフトウェアなどで採用されることが多い。

なお，通信販売など，離れた場所での契約の成立時期について，民法には**承諾の通知**を発したときと規定されている。この規定は，承諾の通知が相手方に到達するまで数日かかることを想定したものである。

特例として「電子消費者契約及び電子承諾通知に関する民法の特例に関する法律」によって，ほとんど瞬時に相手方に意思表示の通知が到達するオンライン販売では「インターネットなど電子的方法を用いて，申込みに対する承諾の通知を発する場合，特に事前の特約がない場合は，承諾の通知が到達した時点が契約の成立時期と考える」と規定している。

正解　ウ

でる度 ★★★

Q236 裁量労働制の説明はどれか。

ア 企業が継続雇用の前提として，従業員に対して他社でも通用する技術・能力の維持責任を求める一方，企業も従業員の能力開発を積極的に支援する。

イ 従業員1人当たりの労働時間を短縮したり仕事の配分方法を見直したりするなど，労働者間で労働を分かち合うことで雇用の維持・創出を図る。

ウ 特定の専門業務や企画業務において，労働時間は，実際の労働時間に関係なく，労使間であらかじめ取り決めた労働時間とみなす。

エ 能力主義と実績主義の徹底，経営参加意識の醸成，業績向上へのインセンティブなどを目的に，職務と能力，業績を基準に報酬を決める。

サクッと正解

裁量労働制は，あらかじめ決めた時間を労働時間とみなす制度。

イモヅル式解説

裁量労働制は，特定の専門業務や企画業務において，労働時間は，実際の労働時間に関係なく，成果によるなど，労使間であらかじめ取り決めた時間を労働時間とみなす（**ウ**）制度である。

CDP〈=Career Development Program〉	企業が継続雇用の前提として，従業員に対して他社でも通用する技術・能力の維持責任を求める一方，企業も従業員の能力開発を積極的に支援する制度（**ア**）。
ワークシェアリング	従業員1人当たりの労働時間を短縮したり仕事の配分方法を見直したりするなど，労働者間で労働を分かち合うことで雇用の維持・創出を図る仕組み（**イ**）。
成果主義	能力主義と実績主義の徹底，経営参加意識の醸成，業績向上への意欲を引き出すインセンティブなどを目的に，職務と能力，業績を基準に報酬を決める仕組み（**エ**）。

正解 **ウ**

でる度 ★★★

Q 237

労働者派遣法に基づく，派遣先企業と労働者との関係（図の太線部分）はどれか。

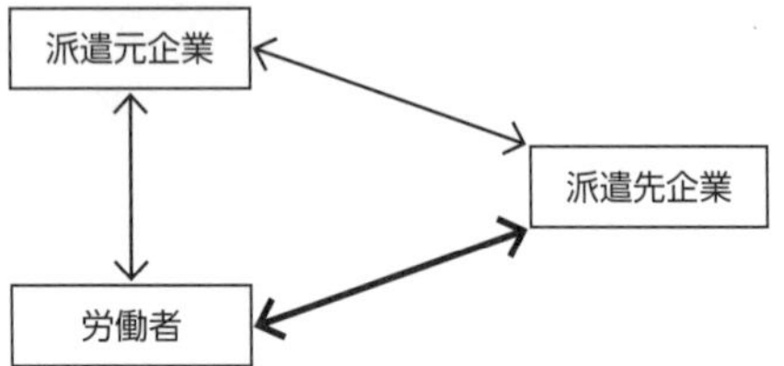

ア 請負契約関係　　**イ** 雇用契約関係
ウ 指揮命令関係　　**エ** 労働者派遣契約関係

サクッと正解

派遣先企業と労働者の関係は，**指揮命令関係**である。

イモヅル式解説

労働者派遣法に基づく，派遣先企業，派遣元企業，労働者の関係は右図のように表すことができる。

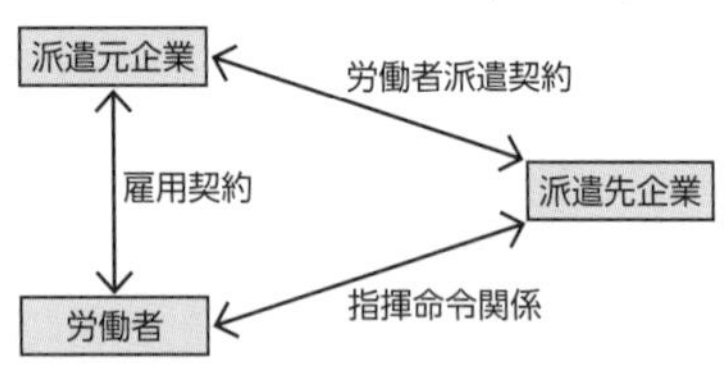

請負契約（ア）〔➡Q238〕	仕事の完成に対して対価が支払われる契約。
労働者派遣契約（エ）	派遣元企業と派遣先企業が締結し，労働者は派遣元企業と雇用契約を締結して労務を提供する契約。
雇用契約（イ）	労働者の労務提供に対して対価が支払われる契約。
指揮命令関係（ウ）	行うべき任務を指示する・指示される関係。

正解 ウ

でる度 ★★★

Q238 **請負契約を締結していても，労働者派遣とみなされる受託者の行為はどれか。**

ア　休暇取得の承認を発注者側の指示に従って行う。
イ　業務の遂行に関する指導や評価を自ら実施する。
ウ　勤務に関する規律や職場秩序の保持を実施する。
エ　発注者の業務上の要請を受託者側の責任者が窓口となって受け付ける。

サクッと正解

請負契約ではなく**労働者派遣**とみなされるのは，発注者側の指示に従って労働する場合。

イモヅル式解説

請負契約は，受託者である請負人が発注者と仕事の完成を約束し，発注者が仕事の結果に対してその報酬を支払うことを内容とする契約である。

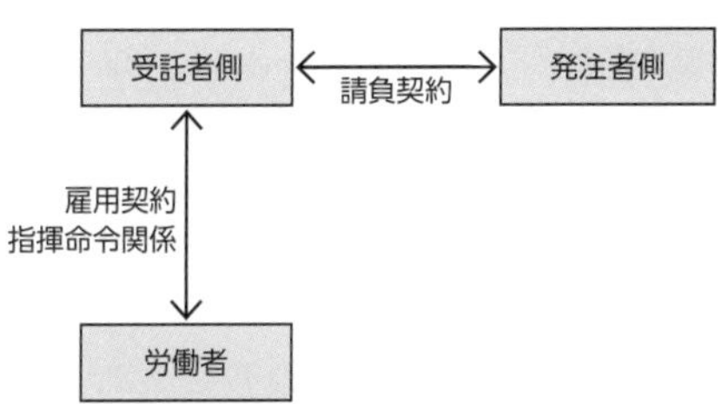

発注者側と受託者側には**雇用契約関係**〔➡Q237〕や**指揮命令関係**〔➡Q237〕がないので，休暇取得の承認を発注者側の指示に従って行う（**ア**）ような場合は，請負契約ではなく**労働者派遣**〔➡Q237〕に関する契約とみなされる場合がある。

イモヅル復習問題 ➡Q237

正解　ア

でる度★★★

Q 239 **日本産業標準調査会を説明したものはどれか。**

ア　経済産業省に設置されている審議会で，産業標準化法に基づいて工業標準化に関する調査・審議を行っており，特にJISの制定，改正などに関する審議を行っている。

イ　電気・電子技術に関する非営利の団体であり，主な活動内容としては，学会活動，書籍の発行，IEEE規格の標準化を行っている。

ウ　電気機械器具・材料などの標準化に関する事項を調査審議し，JEC規格の制定及び普及の事業を行っている。

エ　電子情報技術産業の総合的な発展に資することを目的とした団体であり，JEITA規格の制定及び普及の事業を行っている。

サクッと正解

日本産業標準調査会は，JISの制定・改正などを行う審議会である。

イモヅル式解説

日本産業標準調査会〈＝JISC；Japanese Industrial Standards Committee〉は，経済産業省に設置されている審議会である。令和元年7月1日以前は日本工業標準調査会という名称であった。産業標準化法に基づいて調査・審議を行っており，**JIS**（**日本産業規格**）の制定，改正などに関する審議を行っている（**ア**）。

IEEE〈＝Institute of Electrical and Electronics Engineers〉	電気・電子技術に関する非営利の団体で，主な活動内容としては，学会活動，書籍の発行,IEEE規格の標準化を行っている（**イ**）。
電気規格調査会〈＝JEC；Japanese Electrotechnical Committee〉	電気機械器具・材料などの標準化に関する事項を調査審議し，JEC規格の制定及び普及事業を行っている（**ウ**）。
電気情報技術産業協会〈＝JEITA；Japan Electronics and Information Technology Industries Association〉	電子情報技術産業の総合的な発展に資することを目的とした社団法人。JEITA規格の制定と普及事業を行っている（**エ**）。

正解　**ア**

Q240

インターネットで利用される技術の標準化を図り，技術仕様をRFCとして策定している組織はどれか。

ア　ANSI
イ　IEEE
ウ　IETF
エ　NIST

サクッと正解

インターネット技術の標準化を図り，RFCとして策定する組織は，**IETF**である。

イモヅル式解説

IETF〈=Internet Engineering Task Force〉（ウ）は，インターネットで利用される技術やプロトコルなど，標準化された規格を技術仕様として公表する形式であるRFC〈=Request for Comments〉として策定している組織である。

試験に出る標準化団体をまとめて覚えよう。

ANSI〈=American National Standards Institute〉（ア）	アメリカの工業分野の標準化組織。
IEEE〈=Institute of Electrical and Electronics Engineers〉（イ）〔➡Q239〕	電気・電子技術分野の非営利の国際組織。
NIST〈=National Institute of Standards and Technology〉（エ）	アメリカ国立標準技術研究所。
IEC〈=International Electrotechnical Commission〉	国際電気標準会議。電気・電子分野の標準化を行う。
W3C〈=World Wide Web Consortium〉	インターネットの規格を勧告する標準化団体。
IPA〈=Information-technology Promotion Agency, Japan〉	情報処理推進機構。日本におけるIT施策を支援する。

イモヅル復習問題 ➡Q239

正解　ウ

索引

た行

な行

は行

ま行